YURU YURU

悠哉悠哉 危險生物圖鑑

漫畫　さのかける

監製　生物學者・靜岡大學講師　加藤英明

晨星出版

寫在前頭

世界上有許多危險生物。危險生物為了在嚴酷的生存競爭中存活下來，歷經不斷進化的漫長歷史中，最終都身懷了武器。因為人類不經思考便隨意靠近這些生物的地盤，或試圖捕捉牠們，牠們才會變成讓我們覺得是有危險的生物。不過，其實只要懂得如何與生物保持距離，就幾乎不會有危險。

因為人類的干預，現在已是各種生物都會在世界各地來來去去的時代。即使在日本生活，也不知道會遇到什麼樣的危險生物。一些會讓人類感到危險的生物，像是具有尖銳獠牙的獅子，或是帶有劇毒的眼鏡蛇等等，哪天搞不好會逃跑出來，出現在我們的面前也說不定。

一路來，我研究過世界各地的生物。我雖然看過危險生物，但從來沒有遇過危險。那是因為我知道危險生物在什麼狀況下才會變得危險。希望大家也能夠對危險生物有正確的認知，與牠們接觸時千萬不能掉以輕心。

只要像這樣確實了解對方，相信大家會發現危險生物不是敵人，而是和我們生活在同一個大自然裡的同伴。

生物學家

加藤英明

I ♥ DANGEROUS CREATURE

如何閱讀本書？

漫畫

介紹危險生物如何生活。

特徵

危險生物的特徵。讓人覺得很危險或很厲害的地方。

生物的名稱

有些會是生物的物種名，有些會是屬名。

咬合力最大可達600公斤。
擁有尖銳的獠牙。
FILE_001
獅子
萬獸之王
DATA
012

冷知識

危險生物的祕密。只要知道這些冷知識，你也可以當一個危險生物博士?!

DATA（基本資料）

分類、體型大小、棲息地等資訊。

本書的導遊

箭毒蛙小子

箭毒蛙小子是一隻公的草莓箭毒蛙，牠為了親眼見識各種各樣的危險生物，而在世界各地旅行。其實呢，箭毒蛙小子本身也帶有劇毒喔！

目錄

悠哉悠哉危險生物圖鑑

危險度2

第2章 讓人頭皮發麻的危險生物

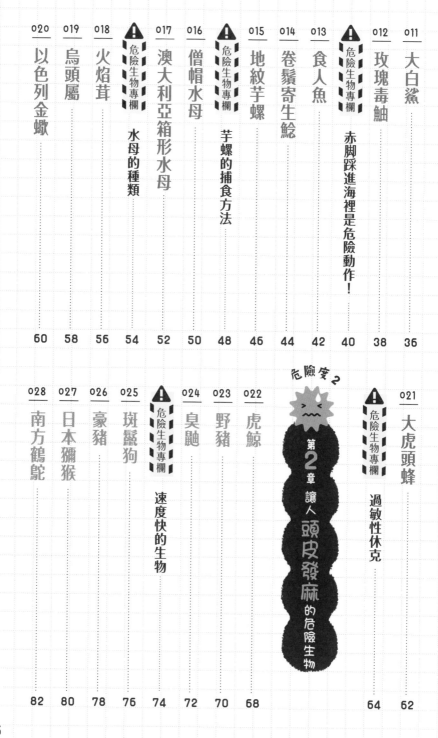

第3章 讓人心跳加快的危險生物

危險度1

何謂危險生物？

為什麼是危險的？

有些生物擁有尖銳的獠牙、利爪，或是會利用毒素、龐大身軀、強勁力道、猛烈速度去攻擊敵人。除此之外，有些生物會成為傳染病或寄生蟲的媒介。

植物看起來沒什麼危險性，但當中也有帶有尖刺，或吃了會引起食物中毒的種類。

危險生物擁有的武器可說是五花八門。

我
咬！

科摩多巨蜥

科摩多巨蜥有毒，而且顎部強而有力，體型較大的動物也會被牠吃掉。

喀
咚！

非洲象

被非洲象的龐大身軀一撞，車子也會瞬間翻車。

什麼狀況下會有危險？

有些生物平時很溫和，但一旦察覺到有生命危險，或自己的小孩遇到危險時，哪怕對方的體型大過自己，也會勇猛反擊。

生物在大自然裡生活時，如果人類不經思考就隨意靠近牠們，還闖進牠們的地盤的話，就有可能遭受攻擊。

生物所擁有的武器或毒液，其實不是用來攻擊人類，大多是為了捕捉獵物或自衛。

我
甩！
刺！
刺！
刺！
哎呀!!

豪豬

豪豬平時很溫和，但遇到敵人時，就會用身上的尖刺好好伺候對方。

我射！

射毒眼鏡蛇

射毒眼鏡蛇能瞄準敵人的眼睛噴射毒液。

1 章

讓人雞皮疙瘩爬滿身的危險生物

DANGEROUS

p.20

大大的嘴巴和
長長的獠牙！

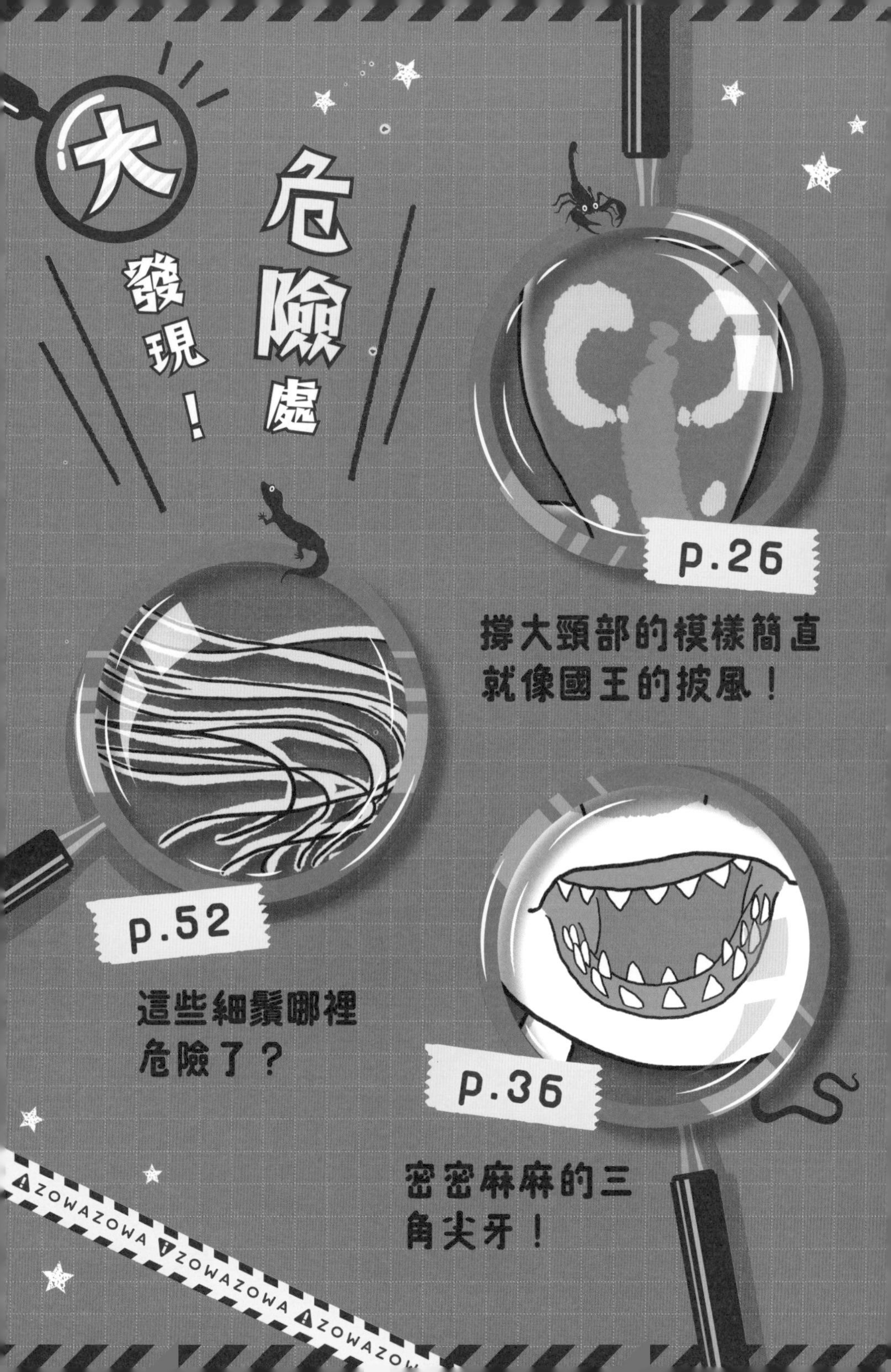
大發現！
危險處
p.26
撐大頸部的模樣簡直
就像國王的披風！
p.52
這些細鬚哪裡
危險了？
p.36
密密麻麻的三
角尖牙！
ZOWAZOWA ZOWAZOWA ZOWAZOWA ZOWAZOW

雞皮疙瘩
危險度!!!

FILE_001

獅子

萬獸之王

擁有尖銳的獠牙。
咬合力最大可達600公斤。

母獅負責狩獵

說到動物界裡的國王，大家都會聯想到獅子。擁有一頭雄偉鬃毛的公獅，更是如國王一般威風凜凜。不過，其實是母獅在負責捕捉動物的狩獵工作。公獅的工作是負責保護屬於自己的獅群。

DATA

- 分類：貓科
- 體型：身長140～250公分
體重120～250公斤
- 分布：亞洲、非洲
- 危險：獠牙、利爪

母獅會十幾隻同心協力一起狩獵喔！

令人回味無窮的滋味

老公，聽說你吃掉了那東西，真的嗎？
喔，妳說那東西啊，吃掉啦～
我也不知道為什麼，想要再吃到那東西。
你們在說什麼啊？
據說在很久很久以前，曾經有獅子品嘗過人類。
當別人在說話的時候啊……

誰說我偷懶了!!

萬獸之王獅子。
吼！
吼！
吼！
吼！
在獅群裡，總是由母獅負責狩獵。
這樣啊……
你有什麼意見！公獅要努力地保護獅群，你懂不懂！
我可沒有在偷懶！

冷知識 公獅和母獅小時候都長得一樣喔！

雞皮疙瘩
危險度!!!

FILE_002

老虎

孤獨的獵人

在森林裡，身上的條紋可以讓自己變得不顯眼。

貓科當中體型最大的動物

老虎和獅子不一樣，都是單槍匹馬行動。老虎會躲在森林裡，利用牠的尖銳獠牙攻擊動物，然後吃掉對方。老虎的舌頭上長了很多刺，可以把附著在骨頭上的肉都刮下來，啃得一乾二淨。老虎有時候也會攻擊人類。

DATA

- 分類：貓科
- 體型：身長140～250公分
  體重65～300公斤
- 分布：亞洲中部～南部
- 危險：獠牙、利爪

非洲沒有老虎喔！

貓
叢林之王沒有任何弱點！
跑得快！
跳得高！
在水裡也自由自在～
嘩啦嘩啦
真的喔～
明明是貓卻不怕水耶！
我是老虎！
但屬於貓科就是了……

狼
叢林之王是孤寡清高的存在。
我們就像一匹狼，不會像獅子那樣成群結伴。
……
唬！
吼
我不是狼，也不是貓！你給我搞清楚喔！
好啦～我知道你是老虎啦～

冷知識 老虎尿尿的時候會往後噴喔！（大家去動物園的時候要小心喔！）

雞皮疙瘩
危險度!!!

FILE_003

美洲豹

既是爬樹高手，也是游泳高手

獨特的斑點花紋。

神不知鬼不覺地展開攻擊

美洲豹身上有不醒目的獨特花紋，牠們能夠靠著獨特花紋隱身在森林裡或草原上接近獵物，展開狩獵。美洲豹的花紋和花豹不一樣，可分辨出差異。美洲豹擁有絕佳的運動神經，牠們既是爬樹高手，也是游泳高手呢！還有，美洲豹都是棲息在森林和河邊的樹林裡。

DATA

- 分類：貓科
- 體型：身長112～185公分
  體重36～158公斤
- 分布：北美洲南部、中南美洲
- 危險：獠牙、利爪

雖然十分罕見，但美洲豹有時也會攻擊人類喔！

地盤廣大

範圍超過
20平方公里
地盤超級廣大也是我們的特徵。
試試在我們的地盤上蓋房子……
不論是人類，
還是家畜，
都休想活命！
太可怕了……

肌肉哥

啊！花豹來了！
不爽
我是美洲豹！
花豹可沒有我這麼強壯的肌肉！
我引以為傲的強勁力道可以一口咬死鱷魚。
然後拖走整條鱷魚。
唰！
唰！
不愧是肌肉哥！

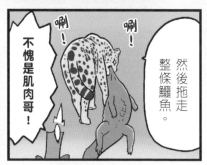

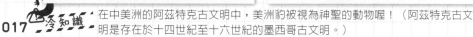

冷知識 在中美洲的阿茲特克古文明中，美洲豹被視為神聖的動物喔！（阿茲特克古文明是存在於十四世紀至十六世紀的墨西哥古文明。）

雞皮疙瘩
危險度!!!

FILE_004

非洲象

陸地上體型最大的動物

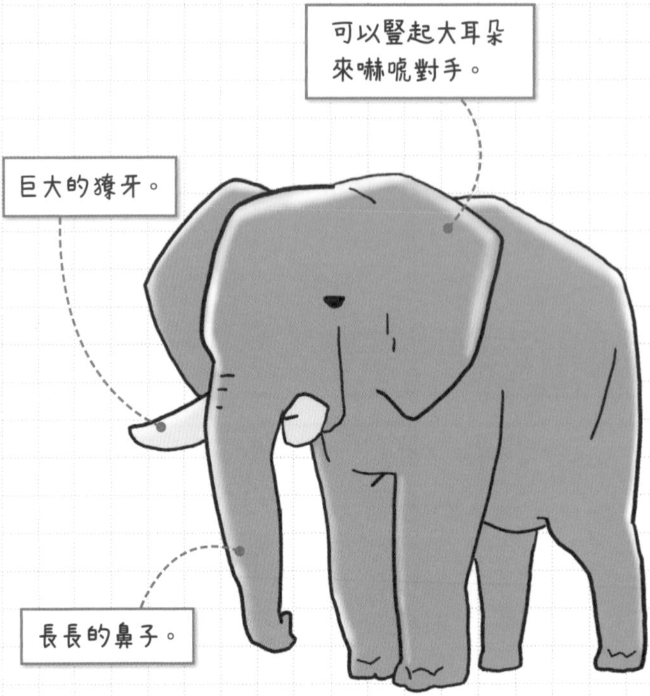
可以豎起大耳朵
來嚇唬對手。
巨大的獠牙。
長長的鼻子。

龐大身軀是最強的武器

非洲象是陸地上體型最大的動物，體重有6～8噸那麼重！非洲象會甩動巨大的獠牙和長鼻子來嚇唬敵人，但體重才是牠們的最強武器。當非洲象暴衝的時候，就連威猛的獅子也會躲得遠遠的。

DATA

- 分類：象科
- 體型：身長540～750公分
  體重6～8噸
- 分布：非洲（撒哈拉以南）
- 危險：暴衝

非洲象一天可以吃掉
足足130公斤的草和
樹果呢！

所向無敵
啊～～
叩～
咚！
咚！
咚！
救命！
喀咚
吼！
你們長大之後真的是所向無敵耶。
說真的，拜託大家不要隨便靠近我們。

雞皮疙瘩
危險度!!!

FILE_005

河馬

凶猛的大塊頭

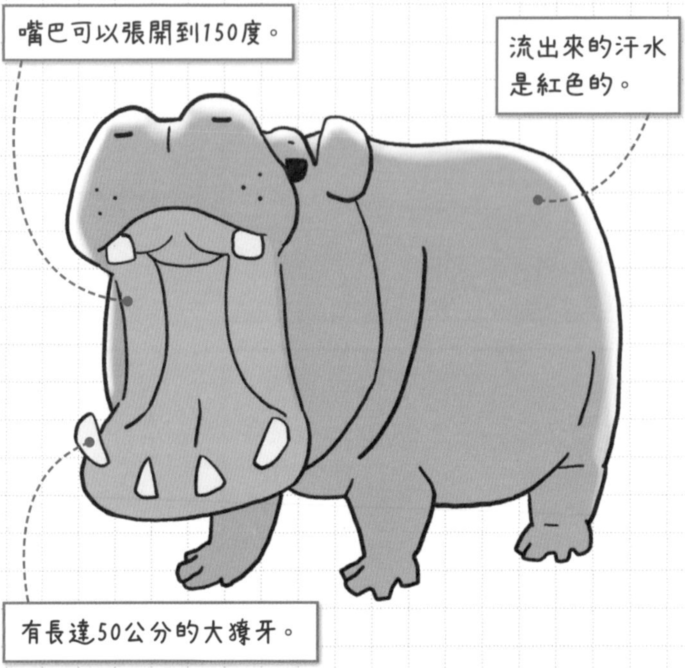
嘴巴可以張開到150度。
流出來的汗水是紅色的。
有長達50公分的大獠牙。

明明是草食動物，卻很危險?!

河馬看起來十分溫和，但其實出乎意料挺凶猛的。到了發情期的時候，公河馬會為了搶地盤或母河馬，展開劇烈的爭奪戰。河馬的大獠牙是相當危險的武器！發生過無數次人類被捲入爭奪戰的意外。

DATA

- 分類：河馬科
- 體型：身長280～420公分
體重1350～3200公斤
- 分布：非洲（撒哈拉以南）
- 危險：獠牙、暴衝

白天的時候河馬會泡在水裡，等到了晚上，就會爬上岸吃草喔！

驚人之處

足足1噸的咬合力。
啊
嗯
咚咚咚咚咚！
跑步可以達到時速30公里。
還有……
冒
汗！
紅色的汗水！
這點才是最驚人的！

水中走路

滑～
滑～
唰啪！
哇塞！
你游得好快喔！
你看我的體型像會游泳嗎？
咦？可是你剛剛……
我只是在水底走路而已。
大搖
大擺！
真的耶！

冷知識 紅色的汗水具有預防皮膚乾燥的效果喔！

DANGEROUS

地盤

只要有人敢闖進我的地盤，管他是天皇老子，通通格殺不論！
吼吼吼吼吼！
咚咚咚咚咚！
就這樣，每年都會有好幾千人被河馬攻擊……
不、不妙！我要趕快離開這裡才行！
你這麼小一隻，我都懶得出手了。
超迷你……
小看我！

I ❤ DANGEROUS CREATURE

DANGEROUS

DANGEROUS CREATURE

column

食人獅事件

1898年，在非洲的察沃河附近（現今的肯亞），有一群工人忙著建蓋烏干達鐵路的鐵橋。兩隻母獅攻擊了工人們的營地。從三月到十二月之間，多次襲擊工人。人們想盡辦法要對付獅子，但都沒有成功，最後有超過30人活活犧牲。

DANGEROUS

食人棕熊事件

1915年，日本北海道發生了食人棕熊事件。當時棕熊為了尋找冬眠的食物，從12月9日到14日的六天時間，一戶接著一戶攻擊墾荒者的住家，造成7人死亡、3人受重傷的事件。後來食人棕熊遭到射殺，射殺後發現是一隻身長2.7公尺、重340公斤的母棕熊。

DANGEROUS

column column column

雞皮疙瘩
危險度!!!

FILE_006

棕熊

日本最大猛獸

絕佳的嗅覺和聽覺。
長爪子。
手部動作靈活。

殺傷力十足的獠牙和利爪

分布在日本的動物當中，棕熊是最危險的動物。棕熊擁有尖銳的獠牙和長爪子，牠們會攻擊魚或鹿等小型動物來飽餐一頓。棕熊有時也會攻擊人類，造成無數次的意外事件。

DATA

- 分類：熊科
- 體型：身長100～280公分
體重100～780公斤
- 分布：美洲北部、歐洲西部、亞洲北部
- 危險：獠牙、利爪

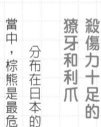

棕熊寶寶真的很可愛，
但要小心牠們身邊一定
有凶暴的棕熊媽媽喔！

膽小鬼

棕熊很凶暴？哪可能！
我們膽子很小耶?!
如果發現附近突然有人類出現……
別靠過來～！
我們的膽子真的很小，會嚇到一巴掌把人類甩出去。
我想也是這樣吧。

孩子第一

冒出！
原來你有小孩啊！
你敢靠近的話，我會殺了你！
吼！
驚！
對不起，只要牽扯到孩子，我就會失去理智……
孩子是我的心頭肉。
百分之百的危險生物！

 冷知識 北極熊是全世界體型最大的熊喔！

雞皮疙瘩
危險度!!!

FILE_007

最危險的毒蛇

眼鏡王蛇

擴張的頸部被稱作披風。
分泌的毒液屬於神經毒素。

最長毒蛇

眼鏡王蛇是全長可達300～400公分的世界最長毒蛇。眼鏡王蛇咬住獵物時會一次注入大量的毒液，相當危險。眼鏡王蛇一察覺到危險，就會撐開牠的披風來嚇唬對方。牠們會高舉頸部讓自己面向人類的臉部，接著飛撲過去展開攻擊。

DATA

- 分類：眼鏡蛇科
- 體型：全長300～400公分（最長可達550公分）
- 分布：印度、中國南部、菲律賓等地區
- 危險：毒牙

眼鏡王蛇很愛吃其他蛇類喔！

國王的餐點

眼鏡王蛇是身形最長的毒蛇，
堪稱毒蛇當中的國王。
我最愛吃蛇了！
咦？
如果看見眼前有一條蛇追著老鼠跑……
嘶～ 吱～
我可能會吃掉那條蛇。
意思是說國王會吃掉他的老百姓嗎？

國王的絕招

說到眼鏡蛇，就會聯想到這個姿勢。
哼哼！
沒有一隻眼鏡蛇的視線高度能夠比國王還要高。
老實說……
扭動～
也只有我們眼鏡王蛇能夠保持這樣的姿勢移動身體。
頭抬得好高喔！不愧是國王！

冷知識 眼鏡王蛇分泌的神經毒素會讓被咬到的獵物全身麻痺。

FILE_008

波布蛇

日本最大的劇毒蛇

雞皮疙瘩
危險度!!!

獨特的帶狀花紋。
三角形頭部。

迅雷不及掩耳的攻擊速度

波布蛇是夜行性動物，習慣在森林裡的樹上，甚至也會在人類的住家附近棲息。波布蛇是日本國內最大的毒蛇，體型較大的波布蛇能夠從一公尺遠的地方，伸長身體展開攻擊。日本的沖繩和奄美群島經常會有波布蛇出沒，也發生過無數次波布蛇咬傷人類的意外。

DATA

- 分類：蝰蛇科
- 體型：全長100～200公分
- 分布：日本（奄美群島、沖繩）
- 危險：毒牙

波布蛇有時也會躲在甘蔗田裡喔！

突如其來

嘶！
哇啊！
我們波布蛇的可怕之處就是會突然咬人。
保證你嚇破膽！
嘶!!
可惡！牙齒卡住了……
誰叫你要突然亂咬……

請小心上方

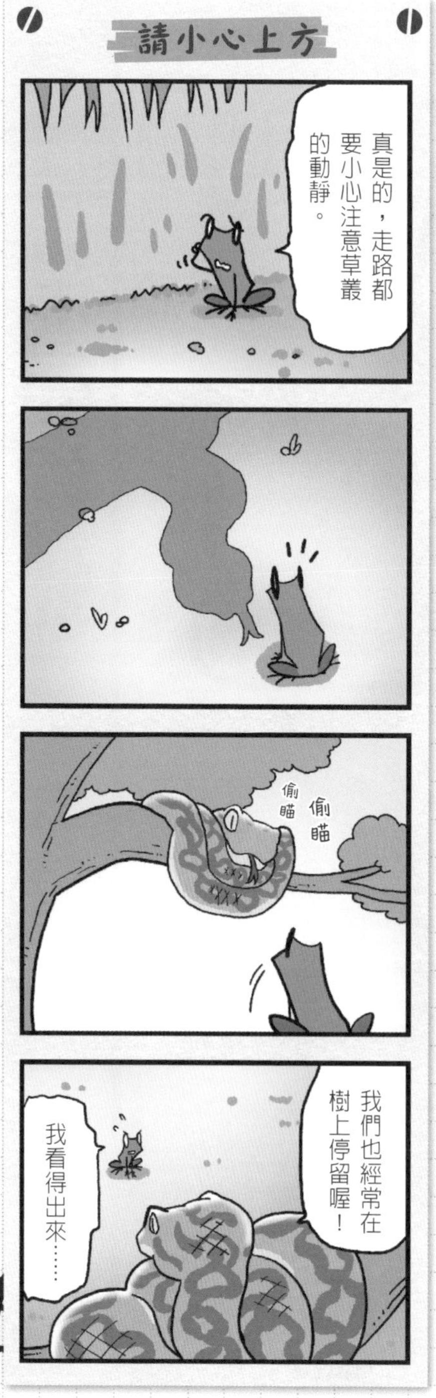
真是的，走路都要小心注意草叢的動靜。
偷瞄
偷瞄
我們也經常在樹上停留喔！
我看得出來……

冷知識 波布蛇會分泌可以破壞血管的出血毒素，害得獵物出血喔！

雞皮疙瘩
危險度!!!

FILE_009

移動速度最快的蛇

黑曼巴蛇

嘴巴裡面黑摸摸一片。

移動速度可以達到時速11公里?!

黑曼巴蛇是世界上移動速度最快的毒蛇，時速可以達到11公里喔！不只在陸地上，黑曼巴蛇在樹上時也能夠快速移動。黑曼巴蛇的毒性相當猛烈，據說一旦被咬到，幾乎無法得救。在非洲，黑曼巴蛇是人們最害怕的毒蛇。

DATA

- 分類：眼鏡蛇科
- 體型：全長300～450公分
- 分布：非洲東部、南部
- 危險：毒牙

黑曼巴蛇平常都是吃鳥類和小型哺乳類動物喔！

同伴

我有毒！吃不得的！
有毒？
我也有毒耶！你是哪種類型的毒？
生物鹼。
這麼巧！
我們一樣都有神經毒素耶！耶～握個手吧！
耶～握個手吧！
……
你的手呢？

蛇界裡的飛毛腿

咻！
我的移動速度可是快得嚇死人喔！
快逃啊！
呼～
逃到樹上應該沒事了吧……
大吃一驚！
你看你，簡直像一隻驚弓之鳥！
被我嚇壞了吧！
我不是驚弓之鳥，我是驚弓之蛙。

 冷知識 黑曼巴蛇是晝行性動物，習慣在樹上或草叢裡棲息。

雞皮疙瘩
危險度!!!

FILE_010

尼羅鱷

超過2000公斤以上的顎部力道

等待獵物時只會讓鼻子和眼睛浮出水面。
眼球具有瞬膜，可以發揮像蛙鏡一樣的作用。

簡直就像恐龍一樣?!最強大的鱷魚！

尼羅鱷不僅能夠在淡水，也能夠在半海水（淡水和海水混在一起）的水域棲息。尼羅鱷的顎部力道強大，可達2000公斤以上。這樣的強力顎部加上鋒利的牙齒，讓尼羅鱷能夠一咬住獵物就把獵物拖進水中，然後轉動身體拉扯獵物來進食。

DATA

- 分類：鱷科
- 體型：全長4公尺
- 分布：非洲
- 危險：緊咬

尼羅鱷攻擊人類的意外也不算少見喔！

水面底下
嘩啦！
嘩啦！
是誰啊？在水裡動來動去的！
抱歉……我剛剛正在用餐。
尼羅鱷先生?!
我剛剛在水裡轉圈圈，
想要把斑馬的腿扯下來。
要不要我表演給你看？
慢慢
浮現
打死我也不想看……

冷知識 尼羅鱷會在水裡靜靜等待成群的動物經過。

各種各樣的武器

生物擁有各種各樣可以讓牠們生存下來的武器。不過，這些武器有時候也會被用來攻擊人類。

獠牙

DANGEROUS

尖銳的獠牙是具代表性的危險生物武器。鱷魚的獠牙構造讓牠能夠一咬住獵物，就緊緊扣住。鱷魚的獠牙搭配上強大的下顎力道，就成了所向無敵的武器。人類一旦遭到鱷魚攻擊，根本就別想有機會逃跑。

利爪

DANGEROUS

很多危險生物都擁有大爪子。像是熊爪就相當強勁有力，可以輕而易舉地刮下樹皮，還可以在地面挖出一個洞。

尖刺

DANGEROUS

有些生物帶有尖刺，如果不小心被刺到就會嚴重受傷，相當危險。豪豬在被敵人攻擊時，為了保護自己，就會使用身上的尖刺。因為豪豬的尖刺實在太銳利了，就連身為萬獸之王的獅子也不敢出手。

棘刺

DANGEROUS

多種海膽都具有棘刺，有些種類的海膽甚至帶有劇毒。不過，大家知道海膽的棘刺什麼地方最可怕嗎？那就是棘刺很容易斷掉。被刺到時一定要小心翼翼地拔除，否則棘刺會在傷口裡斷成兩半，留在我們的體內。這麼一來，傷口就會難以痊癒。

雞皮疙瘩
危險度!!!

FILE_011

大白鯊

大海裡最恐怖的生物

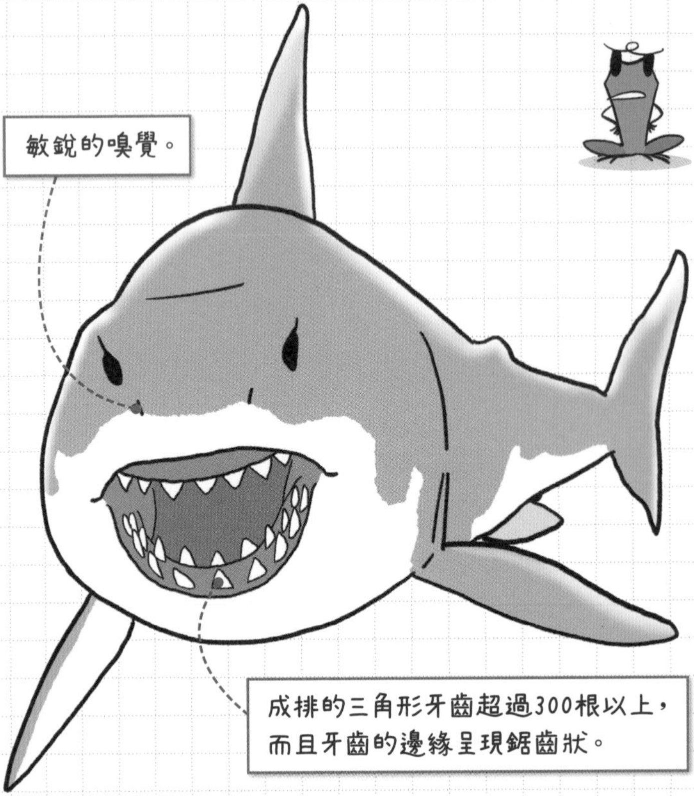
敏銳的嗅覺。
成排的三角形牙齒超過300根以上，
而且牙齒的邊緣呈現鋸齒狀。

全世界最有名的鯊魚！

大白鯊會利用牠的鋒利牙齒咬斷獵物，有時也會攻擊人類，是一種非常可怕的鯊魚。大白鯊游得很快，不僅能夠讓頭部浮出水面，還能夠讓整個身體跳出水面。聽說大白鯊之所以會攻擊人類，是因為把人類錯當成是海豹。

DATA

- 分類：鼠鯊科
- 體型：全長6公尺
- 分布：全日本、全世界的亞熱帶～亞寒帶海域
- 危險：獠牙

在日本東京灣也發現過大白鯊的蹤影喔！

誤會一場
張大
嘴巴！
救命啊！
可惡！我又把衝浪板看成海豹了！

冷知識 據說大白鯊的游泳速度可達到時速50公里喔（也有其他各種不同的說法）！

雞皮疙瘩
危險度!!!

FILE_012

玫瑰毒鮋

偽裝成岩石來攻擊獵物

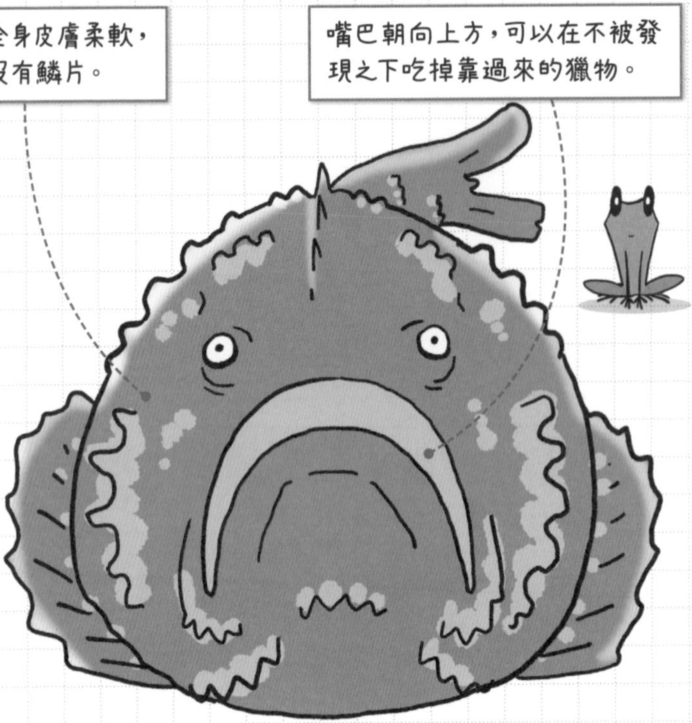
全身皮膚柔軟，
沒有鱗片。
嘴巴朝向上方，可以在不被發
現之下吃掉靠過來的獵物。

偽裝高手

玫瑰毒鮋的背鰭、腹鰭和臀鰭上都帶有毒棘。在魚類當中，玫瑰毒鮋是具有劇毒的魚，萬一被牠的毒棘刺傷，有可能會沒命喔！玫瑰毒鮋很懂得偽裝自己，所以不容易被四周的生物發現。當牠停留在海底的岩石上面時，根本分也分不清楚。

DATA

- 分類：毒鮋科
- 體型：身長30公分
- 分布：日本南部、琉球列島、印度洋、太平洋
- 危險：毒棘

玫瑰毒鮋不太
會游泳喔！

明明是魚類

你老是待在海底，才會被人踩啊！
何不浮到水面上去呢？
你太強人所難了吧！
你不知道我身上沒有魚泡嗎?!
明明是魚類卻沒有魚泡?!

誰才是受害人？

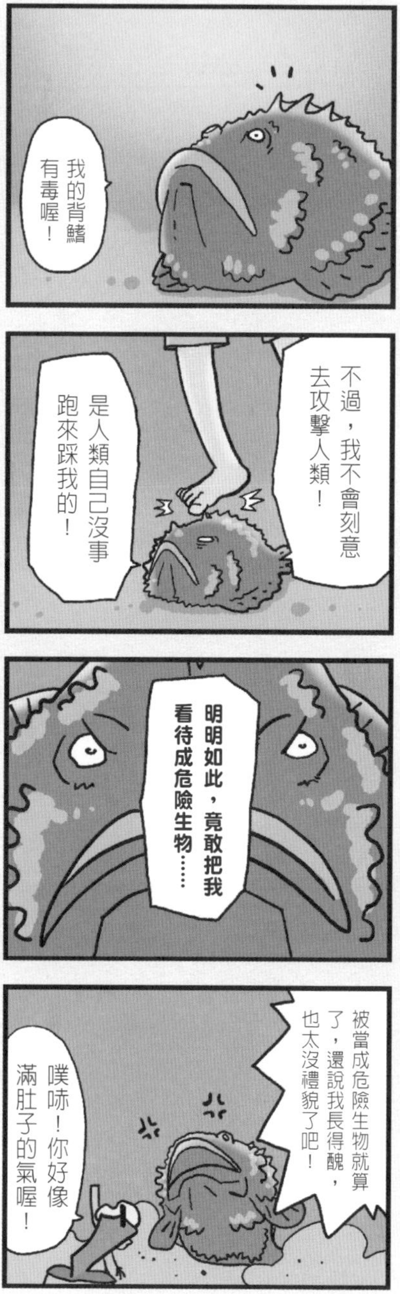
我的背鰭有毒喔！
不過，我不會刻意去攻擊人類！
是人類自己沒事跑來踩我的！
明明如此，竟敢把我看待成危險生物……
被當成危險生物就算了，還說我長得醜，也太沒禮貌了吧！
噗哧！你好像滿肚子的氣喔！

冷知識 玫瑰毒鮋會在淺海的岩礁或珊瑚礁上棲息喔！

赤腳踩進海裡是危險動作！

海底有各種危險的東西，像是破碎的貝殼或玻璃碎片等等。當然了，也有很多危險生物潛在海底，大家一定要小心喔！

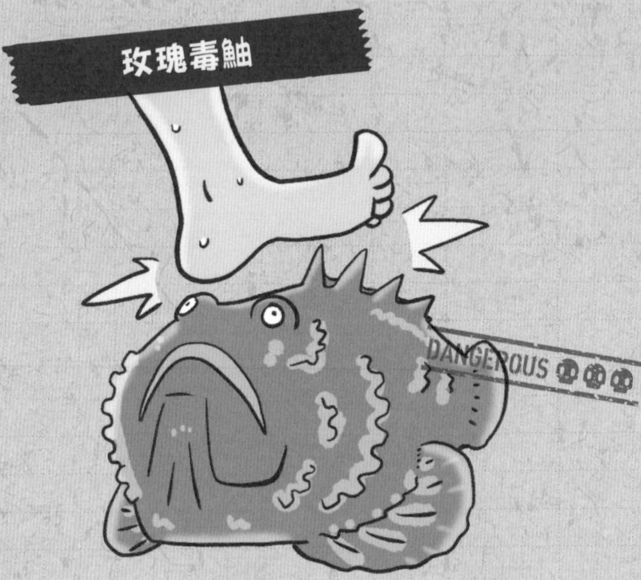
玫瑰毒鮋
DANGEROUS

具代表性的危險魚類當中，玫瑰毒鮋說相當有名。從我們踩得到底的淺海，到深度足夠得以潛水的深海，各種環境中都有機會看到玫瑰毒鮋出沒。玫瑰毒鮋的身體顏色和外表會和四周環境融為一體，很難發現牠們的存在，一不小心就很容易被刺傷。不小心被玫瑰毒鮋刺傷時，一定要立刻送醫急救，否則將會有生命危險。

column

赤魟

DANGEROUS

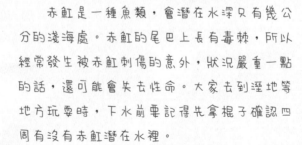

赤魟是一種魚類，會潛在水深只有幾公分的淺海處。赤魟的尾巴上長有毒棘，所以經常發生被赤魟刺傷的意外，狀況嚴重一點的話，還可能會失去性命。大家去到溼地等地方玩耍時，下水前要記得先拿棍子確認四周有沒有赤魟潛在水裡。

雞皮疙瘩
危險度!!!

FILE_013

食人魚

利用鋒利的牙齒撕咬獵物

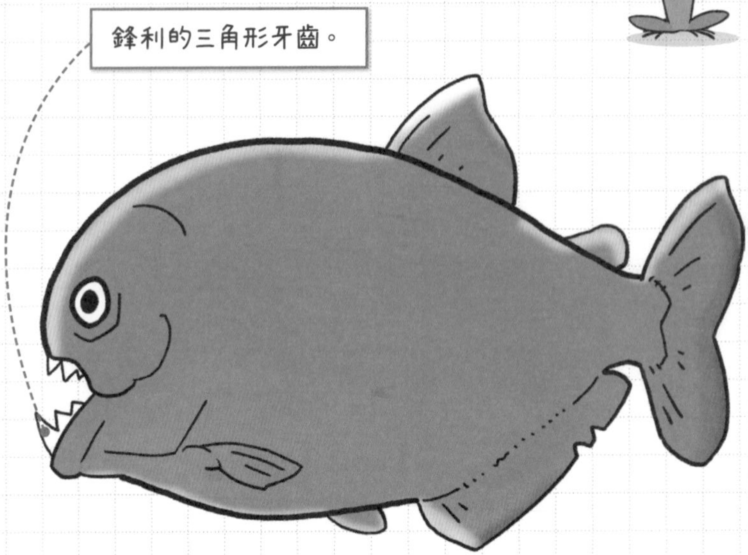
鋒利的三角形牙齒。

食人魚也會攻擊人類

食人魚分布在南美洲的亞馬遜河和奧利諾科河，牠們的上下顎都長有鋒利的三角形牙齒。食人魚就是利用三角形牙齒撕裂動物身上的肉，一口一口吃下肚。一聞到血腥味，食人魚就會變得凶狠，並且成群結伴展開攻擊，有時獵物會被啃個精光，只剩下骨頭呢！

DATA

- 分類：鋸脂鯉科
- 體型：身長25公分
- 分布：南美洲（亞馬遜河、奧利諾科河等流域）
- 危險：牙齒（緊咬）

有人會把食人魚養在魚缸裡，當成觀賞魚喔！

膽小鬼
不准動！
嘶
撲通！
天啊!!
好大一隻啊……太可怕了！快逃！
原來食人魚不是看到什麼都會攻擊啊～

啃食
啪！
啪！
下沉
天啊!!
慢慢浮現
下一個目標就是你！納命來！
用不著說明的恐懼……

 冷知識 有些食人魚很喜歡吃其他魚類的鱗片喔！

雞皮疙瘩
危險度!!!

FILE_014

卷鬚寄生鯰

侵入獵物的體內

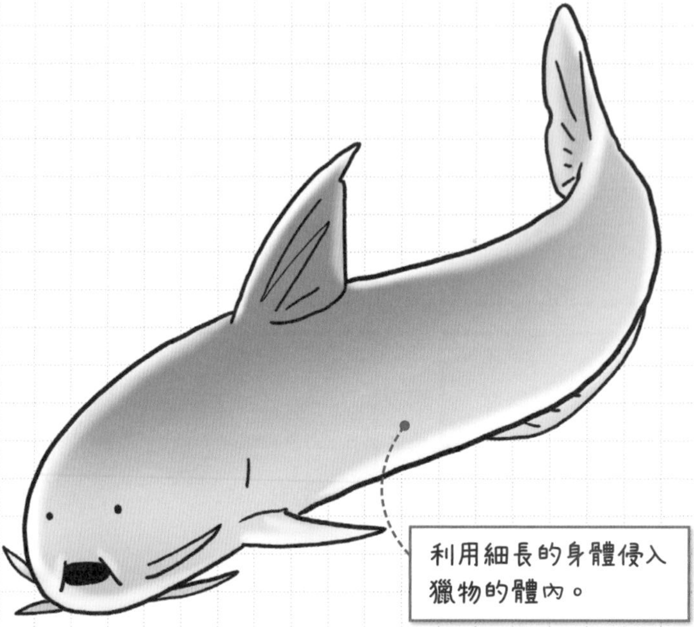
利用細長的身體侵入獵物的體內。

在獵物的體內啃肉又吸血

卷鬚寄生鯰分布在亞馬遜河，也是非常恐怖的一種魚類。牠們會從其他動物身上的孔洞鑽進體內，然後吃對方的肉、吸對方的血。比起同樣棲息在亞馬遜河的食人魚，卷鬚寄生鯰更加令人聞之色變。

DATA

- 分類：鯨形鯰科、毛鼻鯰科
- 體型：3 ～ 30公分
- 分布：南美洲（亞馬遜河等流域）
- 危險：緊咬、寄生

卷鬚寄生鯰當中有的是肉食性，有的是寄生性喔！

讓人做噩夢的存在

卷鬚寄生鯰
專門從孔洞鑽進獵物的體內大吃大喝。
動來動去
冒出
呼～
好吃極了！謝謝招待喔！
撲通！
……真是噩夢一場啊～

期待在夢裡相見喔～

我們一向都會成群結伴展開攻擊！
撲通！
就算獵物的體型龐大，也完全難不倒我們！
撲通！
撲通！
哪怕對方是人類也沒差！
撲通！
撲通！
撲通！
撲通！
我一定是在做夢！世上不可能有這麼可怕的生物！
接著就鑽進你的夢裡吧！
千萬不要啊!!

 冷知識 卷鬚寄生鯰總是活力充沛地到處游來游去，屬於鯰魚的同類喔！

雞皮疙瘩
危險度!!!

FILE_015

地紋芋螺

殺人不眨眼的殺手螺

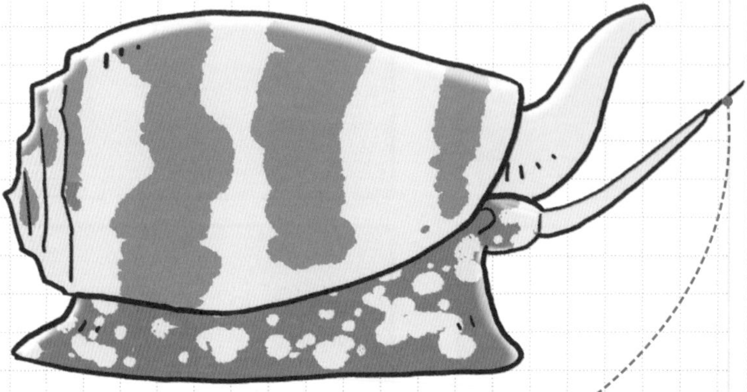

地紋芋螺會從嘴巴伸出齒舌來扎人。

利用帶有劇毒的箭狀齒舌扎人

地紋芋螺具有足以殺死人類的劇毒。當魚類靠近時，牠們會用被稱為「齒舌」的毒箭刺死魚類，來飽餐一頓。地紋芋螺的齒舌具有像倒鉤的構造，所以不容易脫落。這類螺貝具有攻擊性，如果在不知情之下想把牠們撿回家，或是踩到牠們，有可能會被刺傷喔！

DATA

- 分類：芋螺科
- 體型：殼高13公分
- 分布：日本伊豆半島以南、印度洋、西太平洋
- 危險：齒舌

萬一被刺傷，將會全身麻痺，變得呼吸困難喔！

迅雷不及掩耳的速度

是誰說螺貝類都動作慢吞吞的！
毒刺的速度也太快了吧！
不過，我們吃獵物時的動作很慢倒是真的。
被吃的一方應該很折磨吧……

疼痛感

哇！好漂亮的貝殼喔~
哎呀~被刺到了！
那女生甚至沒發現自己被刺到耶！
被地紋芋螺刺到時是不太會痛的。
不過，過一段時間後就會知道痛苦了……呵呵呵
到時候會怎樣?!我怎麼有種背後涼涼的感覺?!

冷知識 地紋芋螺的外殼非常漂亮，貝殼收藏家都很愛收藏喔！

芋螺的捕食方法

齒舌

DANGEROUS

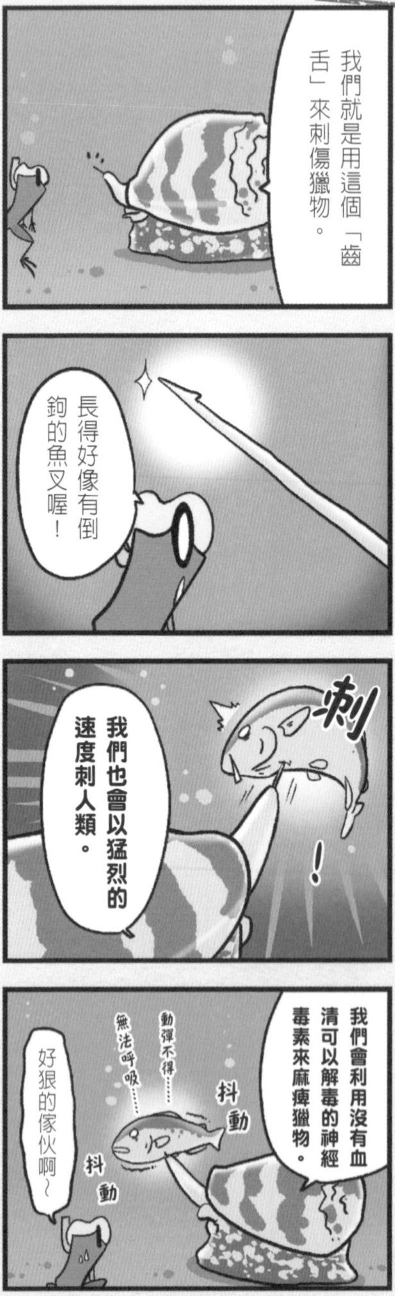

我們就是用這個「齒舌」來刺傷獵物。
長得好像有倒鉤的魚叉喔！
刺
！
我們也會以猛烈的速度刺人類。
我們會利用沒有血清可以解毒的神經毒素來麻痺獵物。
動彈不得……
無法呼吸……
抖動
抖動
好狠的傢伙啊～

I ♥ DANGEROUS CREATURE

DANGEROUS

column column column column

DANGEROUS CREATURE

column

肉食性的螺貝類

DANGEROUS

包括地紋芋螺在內，芋螺的同類都會攻擊魚類等生物，然後吃掉對方。還有，扁玉螺或骨螺的同類也會在其他貝類的貝殼上鑽孔，再從孔洞吃掉殼裡的貝肉。萬一出現多種螺貝會吃掉蛤蜊等雙殼貝類，水產業將會嚴重受害，人類的生活也會受到危害。就這點來說，或許也可以形容牠們是危險生物之一。

螺貝類的毒性

DANGEROUS

雖然會利用毒叉來攻擊獵物的螺貝類不太多，但我們平常會當成食物來吃的螺貝類當中，有些也具有毒性。這種毒性稱為貝毒。如果螺貝類吃了有毒的浮游生物，毒素就會累積在牠們的體內，當人類吃到這些螺貝類之後，就會中毒。人類中毒時的症狀有所不同，有些可能只會吃壞肚子，有些則可能會沒命。當大家想要撿螺貝類來吃的時候，記得要事先向當地的自治團體確認有沒有發生過貝類中毒事件。

column column

雞皮疙瘩
危險度!!!

僧帽水母

可怕的電人水母

像氣球一樣的水螅體。
最長可達50公尺的長觸鬚。

在海水浴場經常有人被僧帽水母刺傷

被僧帽水母刺到時的疼痛感就像被電到一樣，所以僧帽水母經常被稱為「電人水母」。僧帽水母的長觸鬚帶有刺細胞，牠們就是從刺細胞伸出毒刺來刺人。在海水浴場，很多人會被僧帽水母刺傷呢！

DATA

- 分類：僧帽水母科
- 體型：直徑13公分、觸鬚長度最長50公尺
- 分布：全世界的溫帶～熱帶地區
- 危險：有毒刺細胞

在日本，春季到夏季期間經常可以看到僧帽水母喔！

風一般的自由

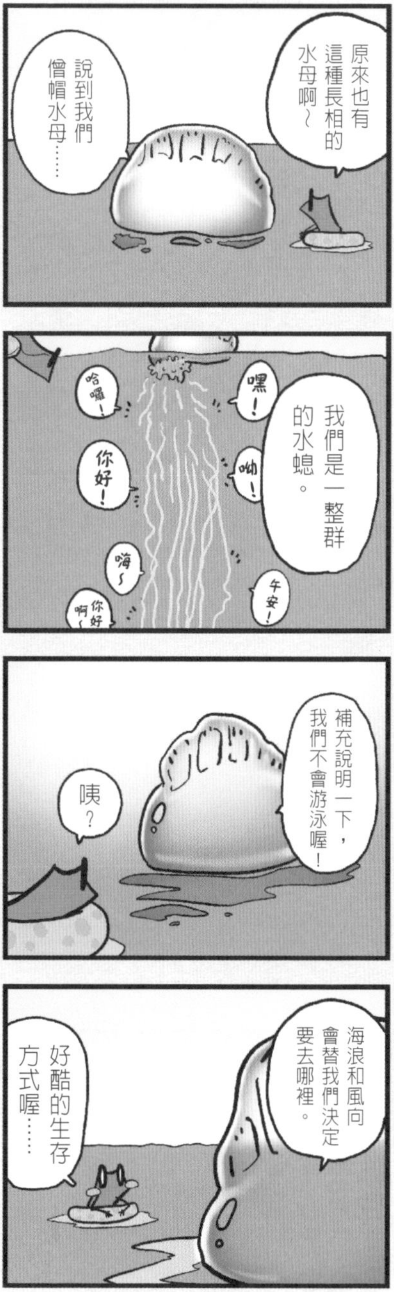
原來也有這種長相的水母啊～
說到我們僧帽水母……
我們是一整群的水螅。
嘿！
哈囉！
呦！
你好！
嗨～
午安！
你好啊～
補充說明一下，我們不會游泳喔！
咦？
海浪和風向會替我們決定要去哪裡。
好酷的生存方式喔……

水面下

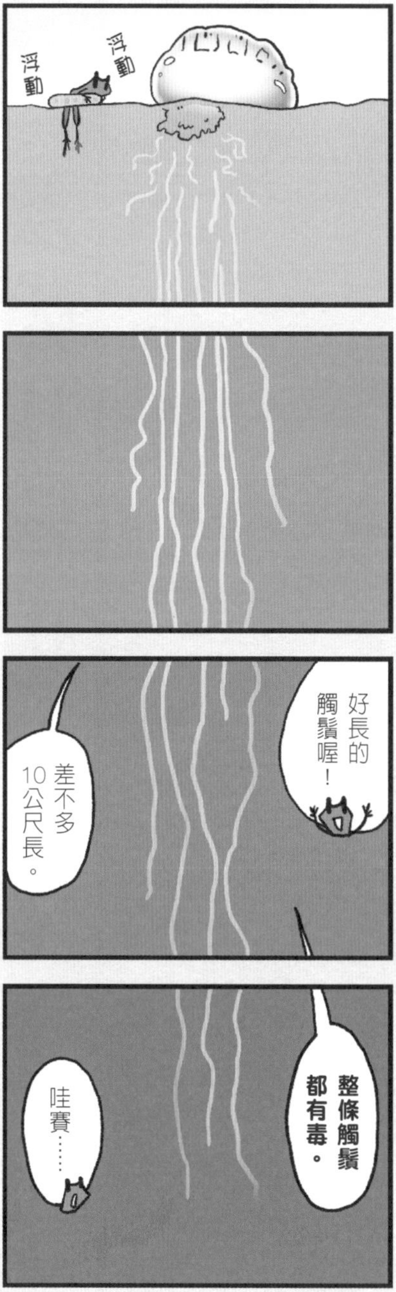
浮動
浮動
好長的觸鬚喔！
差不多10公尺長。
整條觸鬚都有毒。
哇賽……

雞皮疙瘩
危險度!!!

FILE_017

最毒的生物

澳大利亞箱形水母

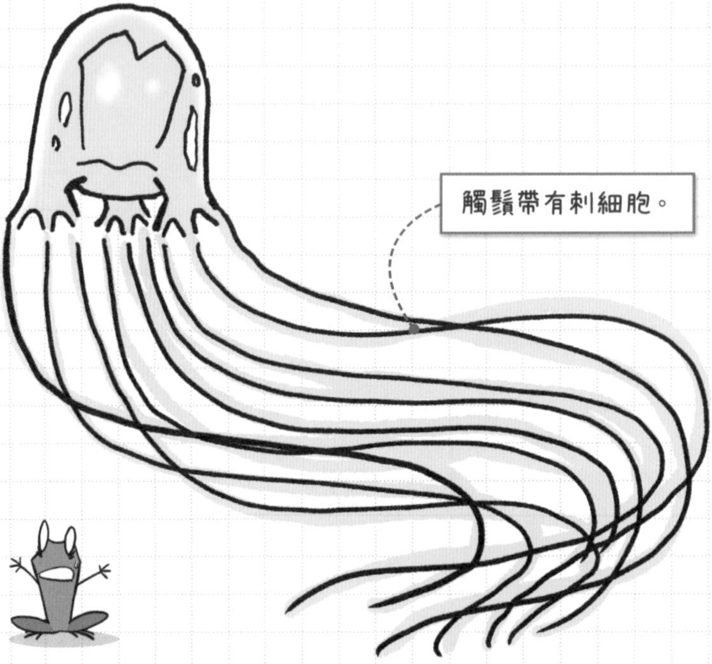
觸鬚帶有刺細胞。

具有最致命的劇毒

澳大利亞箱形水母又稱為海黃蜂，也就是說牠的存在宛如大海裡的黃蜂。澳大利亞箱形水母的刺細胞毒液會破壞心臟、神經系統和皮膚細胞，據說甚至有人在水裡被刺到後，因為疼痛過度而休克致死。在所有生物當中，澳大利亞箱形水母是世界第一毒的生物。

DATA

- 分類：箱形水母科
- 體型：浮囊高度 25～60 公分
觸鬚長度 3 公尺
- 分布：澳洲沿岸、印度洋
- 危險：有毒刺細胞

萬一被刺傷了，就算幸運逃過死劫，也會持續幾個星期的劇烈疼痛喔！

天敵
噗！
噗！
移動速度快。
噗！
我們的眼睛會配合光線強度做調整，還會調整焦距喔！
擁有類似人類的眼睛。
擁有這些特性是為了逃過某種生物的魔掌……
啊！
咬住
看來世界第一毒也傷不了海龜啊……
放開～～我 ～～～

 冷知識 被刺到時如果趕緊淋上醋，可以抑制澳大利亞箱形水母發射毒刺喔！

水母的種類

扎人水母和不扎人水母

哇塞～好多水母喔！
飄動
飄動
有櫛動物
刺胞動物
分類完成！
只有我們這類的水母會扎人。
什麼!!真的假的?!

「扎人」水母

DANGEROUS

刺細胞是一種會發射毒刺的細胞，僧帽水母和澳大利亞箱形水母等水母的觸鬚上帶有刺細胞，所以屬於刺胞動物類的水母。刺胞動物類的水母會利用毒刺殺死魚類或蝦子等其他生物，來飽餐一頓。水母身上的觸鬚即使斷了，刺細胞也還會活著，一樣會扎人。所以，如果看見斷掉的觸鬚在海裡浮浮沉沉，或是看到被打上岸的水母屍骸，也千萬不能觸摸觸鬚。

「不扎人」水母

DANGEROUS

不扎人水母是屬於有櫛動物類的水母，當中以瓜水母和兜水母較為有名。這類水母的特徵在於擁有名為「櫛板」的器官，在光線反射下，櫛板看起來會像閃耀著七彩光芒。牠們會利用櫛板在海裡移動，但不帶有刺細胞，所以不會扎人。有櫛動物類的水母主要都是一口吞下其他水母來進食。

雞皮疙瘩
危險度!!!

FILE_018

世界最強毒菇

火焰茸

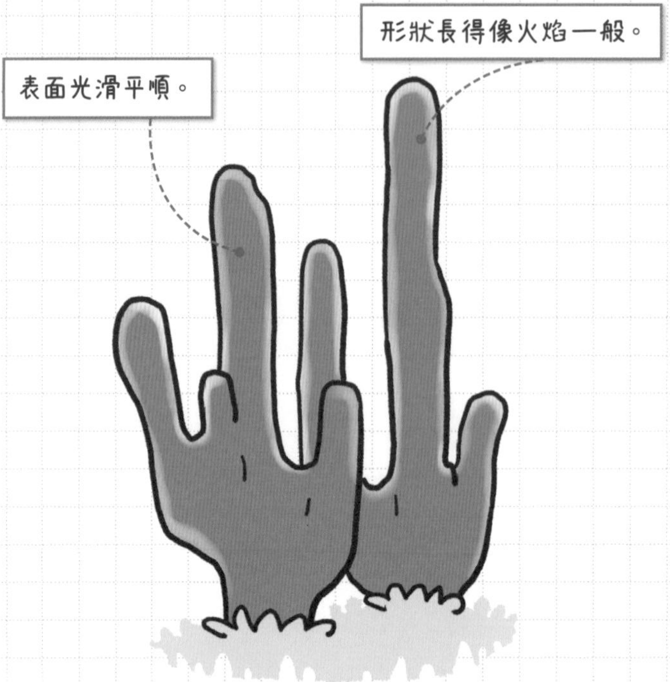
形狀長得像火焰一般。
表面光滑平順。

光是摸到而已，就會皮膚潰爛

火焰茸是一種外觀紅紅的、長得像火焰的菇類。火焰茸的毒性強烈，會引起腹痛、嘔吐、腹瀉，嚴重一點的話，還可能破壞肝臟或腎臟的組織。有時光是摸到火焰茸，就會皮膚潰爛！火焰茸是在夏季到秋季期間生長的菇類喔！

DATA

- 分類：肉座菌科
- 體型：3～13公分
- 分布：全日本、山毛櫸科的闊葉樹林
- 危險：食物中毒

有時公園裡也會長出火焰茸，大家要多加小心喔！

火災
起火了！
發生森林大火了！
……原來是火焰茸啊，真是誤會一場！
我們可是比森林大火更可怕喔！
哪怕只是吃到一點點，也是必死無疑！
光是碰到我們的汁液，就會皮膚潰爛！
你就那麼想被人家討厭嗎？
……

場地
只要氣溫、溼度等條件都湊齊了，
哪怕是公園這種場地，也可以看到我們的蹤影。
耶！
耶！
居然連小孩子也不放過，太卑鄙了！
要是有權選擇生長場地就好了，我也是千萬個不願意啊！
好險有發現！

 冷知識 在日本，據說火焰茸多生長在靠近日本海的那一側。

雞皮疙瘩
危險度!!!

FILE_019

烏頭屬

具代表性的有毒植物

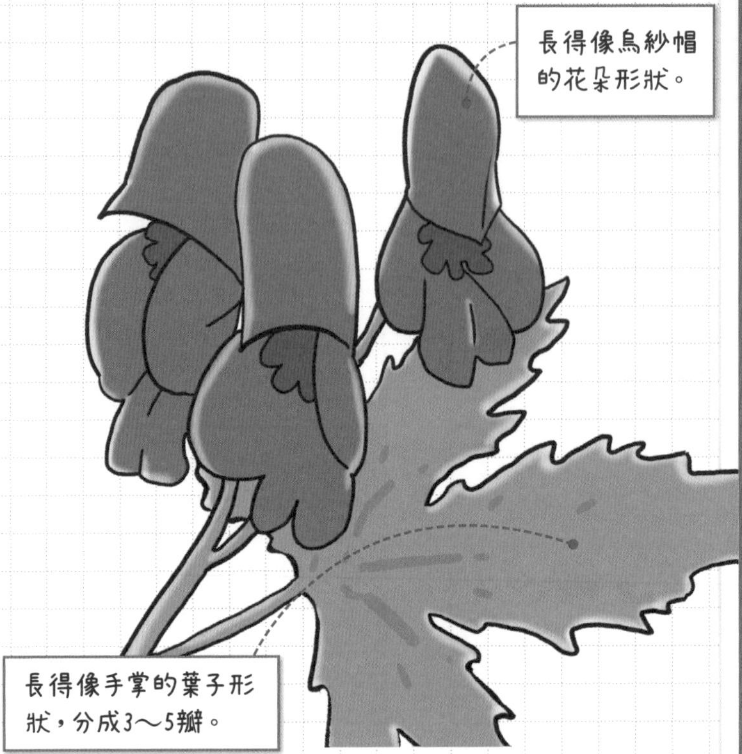
長得像烏紗帽的花朵形狀。
長得像手掌的葉子形狀，分成3～5瓣。

如果吃了烏頭屬，將會引起食物中毒

烏頭屬會開出紫色的花朵，如果誤當成野菜吃進肚子裡，將會引起食物中毒喔！尤其是根部具有劇烈的毒性，經常有人誤以為是可食用的鵝掌草吃下肚，結果引起中毒事件，大家要多加小心喔！

DATA

- 分類：肉座菌科
- 體型：40 ～ 100公分
- 分布：日本關東～中部地區
- 危險：食物中毒

烏頭屬的毒性會作用於心臟和神經喔！

解毒藥

吃了烏頭屬將會引起……
嘔吐、
暈眩、
以及呼吸困難，
頭昏昏的
喘氣
呼……
上天堂～
最慘還可能危及性命。
對了，我們身上的毒沒有解藥喔！
太可怕了吧！

沒知識的後果

有很多植物長得很像烏頭屬。
鵝掌草
烏頭屬
艾草
哎呦？這不是艾草嗎？撿回家當晚餐的配菜好了。
烏頭屬
那個人運氣不太好耶……
在大自然界裡如果沒有經驗和知識，想要自保都很困難。
如果沒有用功學習，到時候後悔就來不及了。
好沉重的發言啊～

 冷知識 烏頭屬也會被當成藥草使用喔！

雞皮疙瘩
危險度!!!

FILE_020

以色列金蠍

尾部帶有毒刺

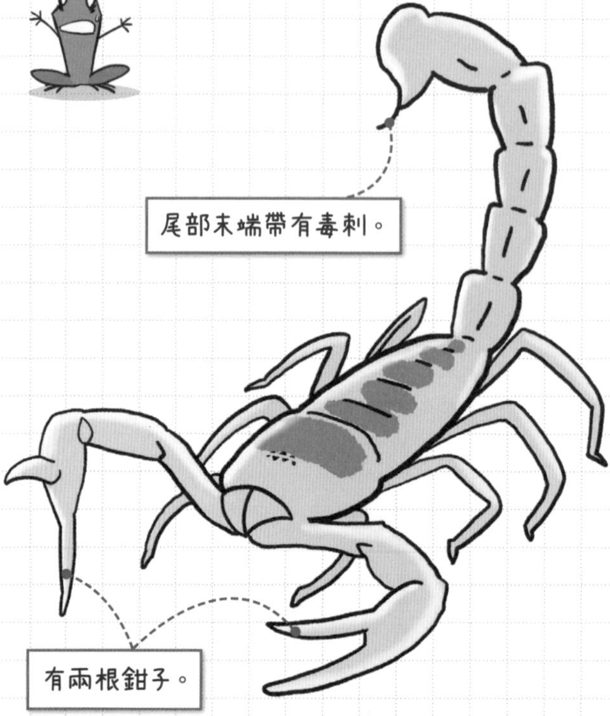
尾部末端帶有毒刺。
有兩根鉗子。

以色列金蠍也被稱為「死亡跟蹤者」

以色列金蠍是一種尾部帶有毒刺的危險毒蠍。牠們的毒液屬於神經毒素，如果是幼童被刺傷，還有可能小命不保。以色列金蠍還有另一個名字叫作「死亡跟蹤者」，他們會在沙漠和荒野上出沒。

DATA

- 分類：鉗蠍科
- 體型：身長60毫米
- 分布：非洲北部～阿拉伯半島
- 危險：毒刺

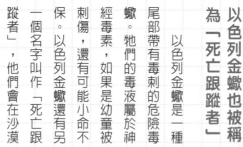

蠍子不是昆蟲類，牠們屬於比較接近蜘蛛、蟎蟲的物種喔！

纏人的傢伙

救命啊——
我們的動作迅速，對敵人緊追不捨！
喀嚓
喀嚓
喀嚓
刺！
還會使出毒蠍界最強的毒液攻擊敵人！
江湖裡人人稱我們為……
死亡跟蹤者！
討厭！那不就跟跟蹤狂一樣?!
低聲
千萬不要跟他對上視線！
竊語
超級沒有女人緣……

冷知識 在日本的八重山諸島也看得到名為「八重山蠍」的蠍子喔！

雞皮疙瘩
危險度!!!

FILE_021

最危險的昆蟲
大虎頭蜂

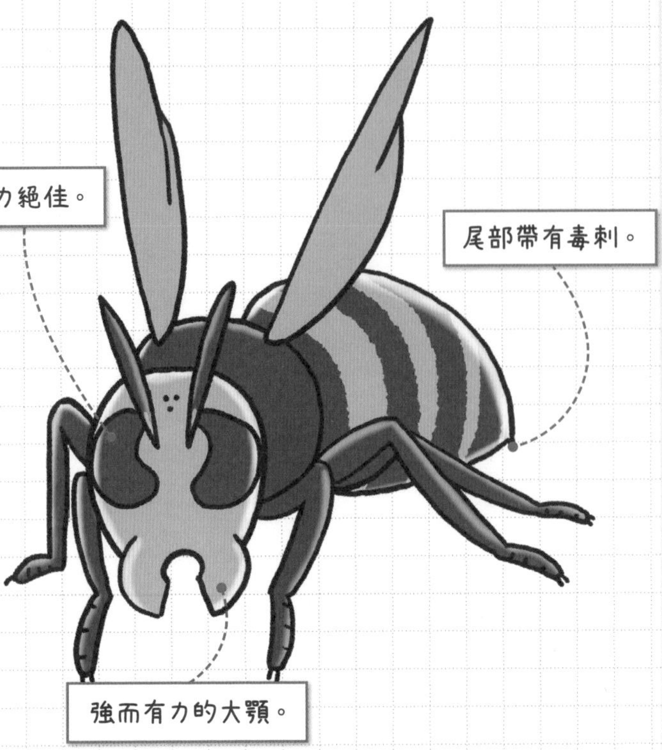
視力絕佳。
尾部帶有毒刺。
強而有力的大顎。

在蜜蜂當中具有最強的毒液

以分布在日本的蜜蜂來說，大虎頭蜂是體型最大的一種。大虎頭蜂也具有在蜜蜂當中最強的毒液，而且具攻擊性。一旦有人靠近大虎頭蜂的蜂巢時，牠們就會敲擊大顎發出聲音，並且群體展開攻擊。如果被大虎頭蜂的毒刺刺到，將會產生劇烈的疼痛感，有時甚至會釀成死亡事件。

DATA

- 分類：胡蜂科
- 體型：25～44毫米
- 分布：日本北海道～九州地區
- 危險：毒刺

大虎頭蜂會在地面築巢喔！

警告

喀！
喀！
喀！
喀！
嗯？什麼聲音啊？
喀！
喀！
算了，不管了。
你在那邊說什麼少根筋的話！
這是表示威脅的聲音！
喀！
喀！
你再不馬上離開，當心吃苦頭啊
喀！
喀！
喀！
喀！
快逃啊

大顎

我不僅擁有強而有力的大顎，還有毒刺！
像你這麼小一隻，兩三下就會被我處理得清潔溜溜！
誰說你可以在這邊偷懶了?!
大家要出發去攻擊蜜蜂的蜂巢了！
呃……是！
嗡～
嗡～

 冷知識 黃蜂也會在市區裡棲息喔！

過敏性休克

過敏性休克是指當有會引起過敏的物質進到體內後，在極短時間內，因為全身過敏而出現休克症狀的反應。

大虎頭蜂

DANGEROUS

人類如果曾經被蜜蜂叮過，因此變成對蜜蜂的毒性有過敏體質的話，第二次再被蜜蜂叮到時，就有可能引起過敏性休克。也有人天生就對蜜蜂的毒性而過敏，所以即使是第一次被蜜蜂叮到，也會引起過敏性休克。

column

入侵紅火蟻

DANGEROUS

雖然日本不是入侵紅火蟻的棲息地，但有人曾經看過入侵紅火蟻隨著船上的行李一起來到日本。入侵紅火蟻簡稱紅火蟻，如果被牠的尾部毒刺刺傷，將會出現疼痛感、搔癢感以及蕁麻疹症狀。很少人會因為紅火蟻的毒性而失去性命，但偶爾還是會有人因為引起過敏性休克而死。在美國，每年都會有很多人被紅火蟻刺傷。

2 章

讓人頭皮發麻的危險生物

DANGEROUS

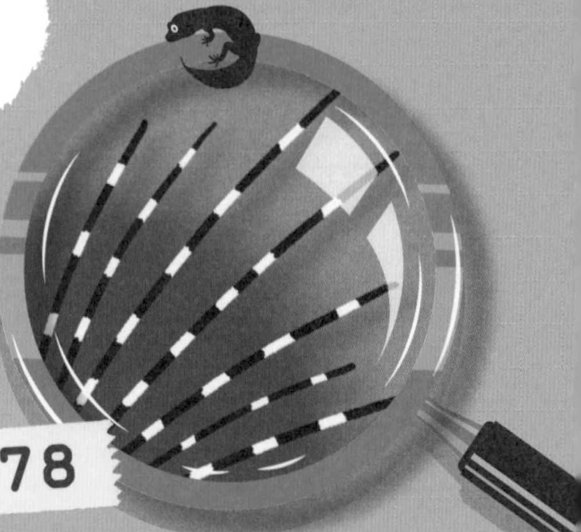

p.78

萬一被這種尖刺刺傷，
肯定會痛得哇哇叫～

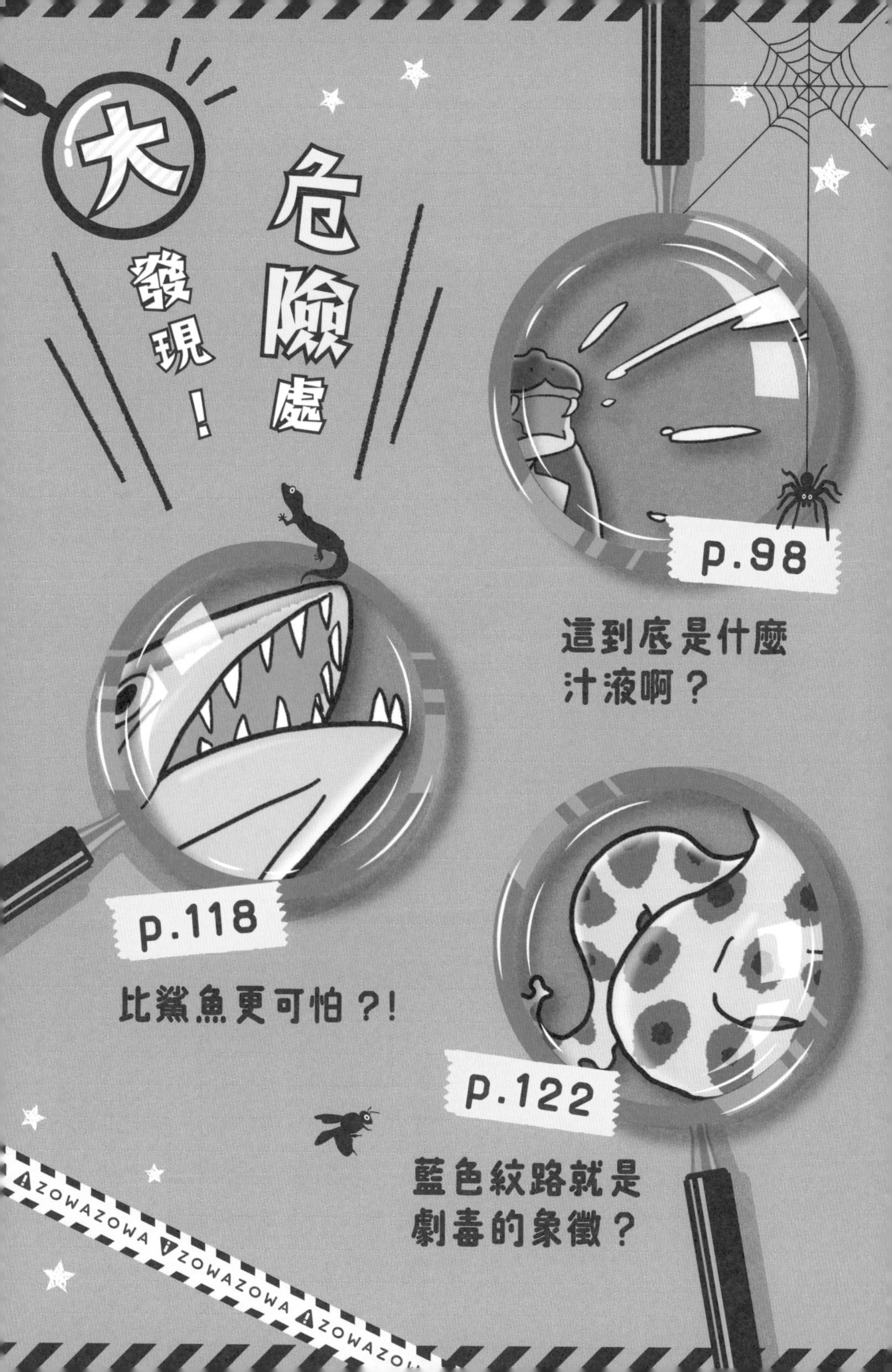

危險處
大發現！
p.98
這到底是什麼
汁液啊？
p.118
比鯊魚更可怕？!
p.122
藍色紋路就是
劇毒的象徵？
ZOWAZOWA ZOWAZOWA ZOWAZOWA

頭皮發麻
危險度!!

FILE_022

虎鯨

海洋霸王

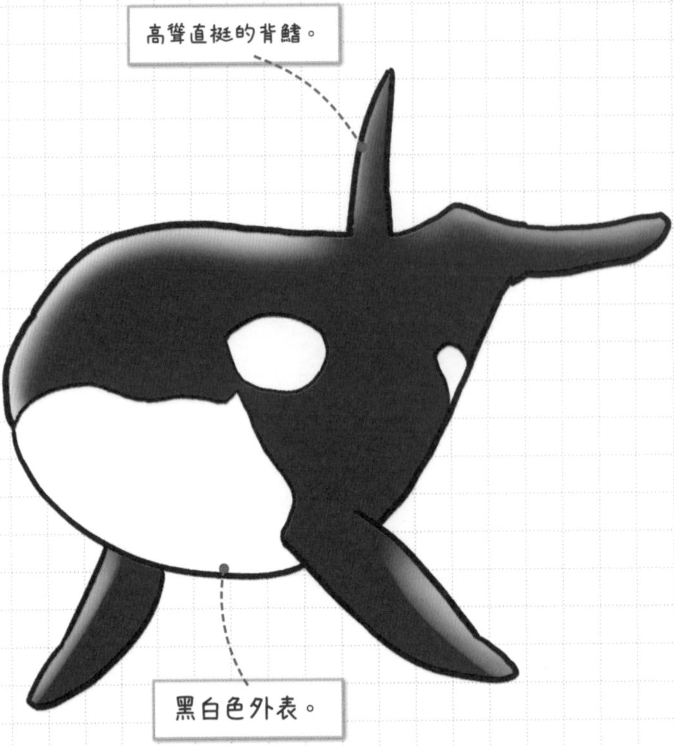
高聳直挺的背鰭。
黑白色外表。

海豹、鯨魚是獵食對象

雖然我們經常可以在水族館看見虎鯨的身影，虎鯨也表現得和人類十分親近，但在大自然界裡，虎鯨其實是生性凶猛的肉食性動物。虎鯨被形容是「海洋黑幫」，牠們會群體攻擊海豹或鯨魚來飽餐一頓。虎鯨非常聰明，還會發揮團隊合作的精神來獵食喔！

DATA

- 分類：海豚科
- 體型：全長6～9公尺
- 分布：全世界的海域
- 危險：牙齒

虎鯨不是魚類，而是和海豚、鯨魚屬於同類喔！

黑幫

我們是大海裡的黑幫。
為了填飽肚子，我們一向不擇手段。
哪怕必須和人類進行地下交易也無所謂。
破
水而出！
穿過這個圓圈就有飯吃了♡
被訓練得服服貼貼的！

造型

我們虎鯨冰雪聰明，
跳
獵食時的動作也輕盈俐落！
啊～
最厲害的是我們這一身惡魔般的造型！
別逞強了！害怕就喊出來吧！
長得好像貓熊喔～

冷知識 也會發生水族館的飼育員遭受虎鯨攻擊的意外喔！

頭皮發麻
危險度!!

FILE_023

野豬

頂著獠牙暴衝

嗅覺靈敏。
往上翹起的獠牙。
奔跑速度可達時速45公里。

近來也會在民宅附近出沒

野豬擁有一對尖銳的獠牙。牠們會以猛烈的速度奔跑過來，再利用獠牙將對方往上挑，所以人類受到攻擊時，很容易會大腿受傷。近來野豬也經常會在人們居住的地方出沒，人類被野豬攻擊的意外也愈來愈多。

DATA

- 分類：豬科
- 體型：全長110～160公分
- 分布：日本本州～九州地區
- 危險：獠牙、暴衝

野豬小時候身上會有條紋狀的花色，長得很可愛喔！

熊也不是對手？
穩如泰山
當野豬以重達80公斤的龐大身軀，
咚！
咚！
用著時速超過40公里速度向前衝，
咚！
咚！
看我的厲害！
再把獠牙猛力往上挑的話……
說不定連熊也不是我們的對手！
那人類就更不用說囉？

 冷知識 家豬是野豬被人類馴化而成的家畜喔！

頭皮發麻
危險度!!

FILE_024

臭鼬

猛烈的液體飛彈

醒目的黑白花紋。
肛門四周的部位會分泌帶有臭味的液體。

射出臭氣沖天的液體

發現自己有危險時，臭鼬會從肛門四周的部位射出帶有臭味的霧狀液體，而且能夠飛散到3公尺遠的地方。臭鼬射出的霧狀液體就像臭酸掉的雞蛋一樣臭味沖天，如果吸入了液體，會覺得噁心想吐，萬一射進眼睛裡，還有可能失明喔！

DATA

- 分類：臭鼬科
- 體型：身長33～46公分
- 分布：北美洲
- 危險：臭液

有些臭鼬還會倒立著噴射液體喔！

嗅覺

其實我們大多會在夜裡活動。
因為呢……
夜行動物的嗅覺比視覺靈敏，
放臭屁對付他們比較有用。
高招！
老鷹
對付猛禽就沒轍了。
拍動
拍動
因為牠們每個傢伙都視力一級棒~
飛得好高喔……

放一個屁給你

3
2
1……
嗯~
噗！
我們都是靠這樣來保護自己。
真是臭到讓人四腳朝天啦！

冷知識 分布在日本的鼬鼠也會從肛門四周射出帶有臭味的液體喔！

速度快的生物

為了在大自然界裡生存下去，能夠比其他生物更快速移動是一大重點。不論是要逃出敵人的魔掌，還是要捕捉獵物，速度快都是比較有利的。

黑曼巴蛇

DANGEROUS

黑曼巴蛇能夠以時速11公里的速度移動，當牠們被逼到無路可退時，就會突然快速朝向對方移動，跟著露出獠牙撲上前咬一口，給對方一個措手不及。

非洲象

DANGEROUS

陸地上體型最大的動物就是非洲象。非洲象的身軀龐大，感覺上動作起來會像個慢郎中，但其實非洲象能夠以時速40～50公里的速度奔跑。沒想到非洲象跑起來的速度不輸給汽車，真是太令人驚訝了！看見非洲象用牠的巨無霸身體猛速暴衝，相信其他生物也不敢出手。

DANGEROUS CREATURE

DANGEROUS CREATURE

鯊魚

DANGEROUS

據說鯊魚（大白鯊）能夠以時速50公里的速度游泳，但在海洋生物當中，鯊魚並非最快速的一個。不過，鯊魚的感覺器官發達，對氣味相當敏銳，牠們能夠嗅到超過100公尺遠的地方傳來的血腥味，並且以猛烈速度展開攻擊。

DANGEROUS

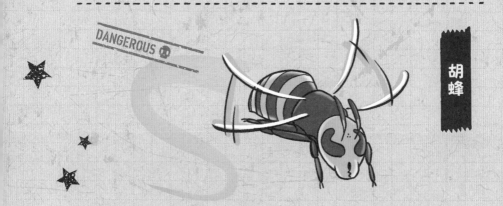

胡蜂

在胡蜂繁殖期時，有時只不過是靠近牠們的蜂巢，就會遭到攻擊。胡蜂能夠以時速40公里的速度飛行，所以人類就算拔腿逃跑，也會被追上。展開攻擊之前，胡蜂會先敲擊顎部發出聲音，這時必須一邊小心不要被刺到頭部或眼睛，一邊緩緩後退來擺脫胡蜂。

頭皮發麻
危險度!!

FILE_025

斑鬣狗

具有最強咬合力的獵食者

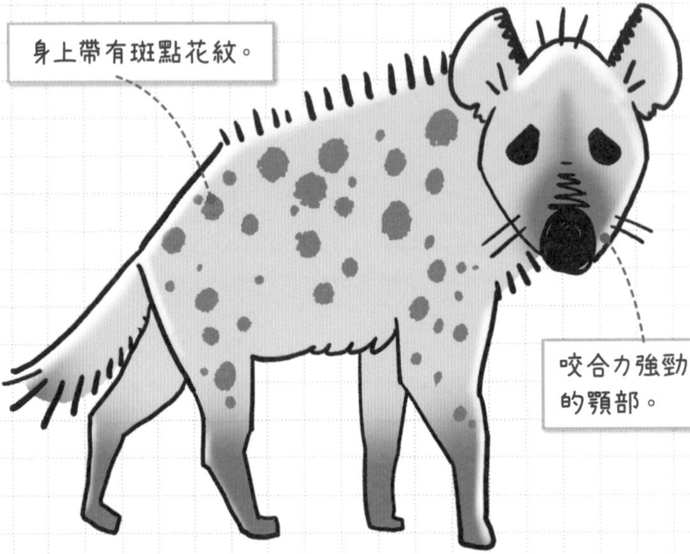
身上帶有斑點花紋。
咬合力強勁的顎部。

斑鬣狗並非只吃腐肉

對於斑鬣狗，大家都會覺得牠們專吃腐肉。不過，斑鬣狗其實也是會單獨或群體攻擊獵物的獵食者。牠們會追著獵物跑，在獵物變得虛脫無力時展開攻擊。斑鬣狗會利用強而有力的顎部和尖銳獠牙，撕裂獵物身上的肉來吃。

DATA

- 分類：鬣狗科
- 體型：身長95～166公分
- 分布：非洲（撒哈拉以南）
- 危險：獠牙

斑鬣狗咬食獵物時，還能利用臼齒咬碎骨頭喔！

才怪呢！

斑鬣狗一向靠著超強的精力追捕獵物，
發揮強勁的咬合力和團隊合作精神獵食。
吼
我們的狩獵功夫比獅子更強。
是喔~我對你們的印象是老愛奪走別人的獵物。
才怪呢！應該說我們的獵物有時會被獅子奪走才對。
真的假的?!

冷知識 在熱帶草原的動物當中，斑鬣狗的體型雖小，但咬合力可是比獅子更強喔！

頭皮發麻
危險度!!

FILE_026

豪豬

以尖刺護身

又長又粗的尖刺。
尖刺帶有黑白相間的花紋。

利用銳利的尖刺護身

豪豬的背部長滿了尖刺。其尖刺大約有30公分長，當敵人出現時，牠們就會豎起尖刺來保護自己。豪豬的尖刺前端非常銳利，可以輕易刺中敵人。當敵人靠近時，豪豬就會轉身背對敵人，讓尖刺刺向對方。平常時候，豪豬會讓尖刺服貼在身上。

DATA

- 分類：豪豬科
- 體型：身長60～80公分
- 分布：非洲
- 危險：尖刺

豪豬都是吃樹根或球莖喔！

使出最大攻擊
驚！
哎呀!!
刺！
刺！
刺！
我
甩！
看起來像在防衛，但其實是在攻擊啊。
好像很痛的樣子…
我甩！
我甩！
不要啊~~

冷知識　也有不同種類的豪豬會利用尖刺發出聲音來嚇唬敵人。

頭皮發麻
危險度!!

FILE_027

出乎預料的凶猛
日本獼猴

和人類一樣有32顆牙齒。牙齒尖銳，也長有獠牙。

尖銳的獠牙

乍看之下，日本獼猴好像很可愛，但如果是野生的日本獼猴，其實挺凶猛的呢！要是惹牠們生氣，或是一直看牠們的眼睛，有可能會被攻擊喔！日本獼猴會用尖銳的大獠牙咬人，有時候會把人咬出深深的傷口。猴群當中高高豎起尾巴的那一隻就是猴王喔！

DATA

- 分類：猴科
- 體型：身長50～60公分
- 分布：日本（下北半島以南）
- 危險：獠牙

日本獼猴會以猴王為中心，過群體生活。

算計

日本獼猴對氣味相當敏銳。
樹果真好吃。
小蟲的味道也不賴。
不過，還是人類的食物才是極品。
味道也夠濃郁。
要不要再去市場突擊？
我要去！我要去！

恐嚇

……嗯？
你沒事想找我吵架是嗎？
冤枉啊！
你剛剛明明在看我的眼睛！
咦～～
看到猴子的時候，要避開視線慢慢走遠，懂了沒?!
怒氣衝天
感謝您的提醒……

冷知識 遇到猴子時有可能會被搶走眼鏡或零食，大家要多加小心喔！

頭皮發麻
危險度!!

FILE_028

南方鶴鴕
踢打力世界第一強

大大的肉冠。
藍色和紅色的肉垂。
內側的腳趾帶有長爪子。

尖銳的爪子是危險武器

雖然南方鶴鴕不會飛，但雙腳十分發達。南方鶴鴕的腳有三根腳趾，腳趾表面覆蓋著鱗片，而且內側的腳趾帶有長達10公分的爪子。人類萬一被牠的長爪子踢到，還可能會小命不保喔！

DATA

- 分類：鶴鴕科
- 體型：全長130～170公分
- 分布：新幾內亞島、澳洲北部
- 危險：爪子（踢打）

南方鶴鴕有自己的地盤，如果有其他鳥類靠近，都會被趕出去喔！

奶爸

綠色的鳥蛋耶！好大顆喔！
這些是我老婆生的，怎麼了嗎？
南方鶴鴕先生！你太太去哪了？
她走了，跟其他公鶴鴕走了……
老爸說我老媽也是一樣跟別人走了。
我踢！
我踢！
老爸還說南方鶴鴕的天性就是這樣！
斷裂！
好驚人的踢打力！

大自然的幫手

我們會走很長很長一段路，
還會拚命吃水果，
然後排便，所以……
噗！
我們路過的地方都會變成森林。
了不起！

 冷知識 南方鶴鴕的寶寶長大後，就會被趕出爸媽的地盤。

頭皮發麻
危險度!!

FILE_029

大鱷龜

緊咬不放

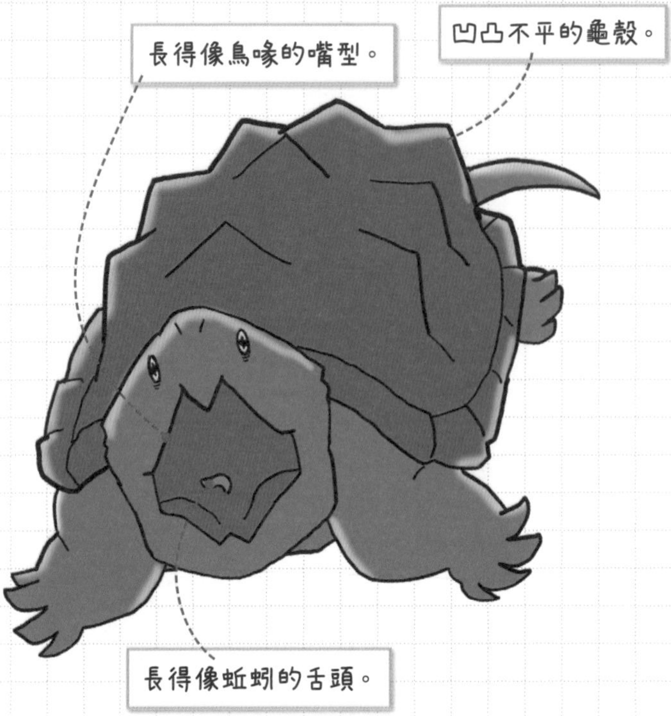
長得像鳥喙的嘴型。
凹凸不平的龜殼。
長得像蚯蚓的舌頭。

長得像鳥喙的尖嘴

大鱷龜會在水中張開嘴巴，然後扭動長得像蚯蚓的舌頭，來引誘獵物。等獵物靠近後，大鱷龜就會用牠長得像鳥喙的尖嘴一口咬住獵物。一旦被大鱷龜咬住就慘了，大鱷龜強而有力的咬合力可是會讓人受重傷的！

DATA

- 分類：鱷龜科
- 體型：龜殼長度40～80公分
- 分布：北美洲南部
- 危險：尖嘴（緊咬）

大鱷龜的咬合力強勁到足以咬斷人類的手指喔！

宛如鱷魚

緩緩張大嘴！
哇！鱷魚出現?!
我是大鱷龜啦！
原來是烏龜啊……
我們的咬合力可以達到400公斤左右。
那樣的力道是有多強啊？
以人類的手指來說，一次咬斷好幾根都沒問題。
你真的是烏龜嗎?!

無敵

大大的頭部
用力縮……
用力縮……
結果因為頭太大，所以縮不進去龜殼裡，對吧？
無所謂啦！反正我們的天敵頂多只有比我們大隻的鱷魚而已！
意思就是，大鱷龜在日本是無敵的。
日本是沒有鱷魚的國家

冷知識　在日本，大鱷龜被認定是特定動物，必須經過申請才可以飼養喔！

假餌

陷阱
DANGEROUS
看起來很美味呢♡
扭來扭去
天啊~~!!
咬下!
好賊喔!
原來你們的舌頭是假餌啊!
扭來扭去
看來配備很齊全呢……
堅硬的龜殼
強而有力的顎部
陷阱
這是我們的生存之道。

I ♥ DANGEROUS CREATURE

DANGEROUS

大鱷龜

大鱷龜分布在美國的密西西比河，是一種龜殼長達80公分的大烏龜。大鱷龜肚子餓的時候，就會在水底張開嘴巴，扭動舌尖上兩條長得像蚯蚓的粉紅色突起部位。這兩條粉紅色突起部位會變成假餌（騙人的誘餌），讓魚類誤以為是可以獵食的蚯蚓而被吸引過去，大鱷龜也就能夠順利抓到魚。

鮟鱇魚

多數鮟鱇魚的同類都會利用假餌來吸引獵物。一般來說，鮟鱇魚會有部分的背鰭長得又細又長，看起來就像釣竿一樣。鮟鱇魚會擺動長在這根釣竿前端的肉垂來吸引小魚，然後一鼓作氣地大口吞下靠近過來的小魚。在深海棲息的多指鞭冠鮟鱇魚還會發光，讓自己的假餌變得更加醒目。

頭皮發麻
危險度!!

FILE_030

科摩多巨蜥

有毒的肉食性蜥蜴

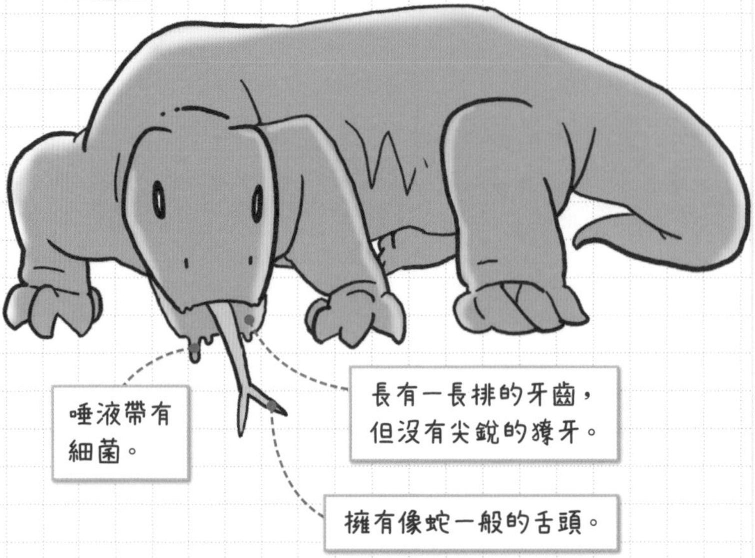
唾液帶有細菌。
長有一長排的牙齒，但沒有尖銳的獠牙。
擁有像蛇一般的舌頭。

世界最大的蜥蜴！體型可達3公尺長！

科摩多巨蜥是世界最大的蜥蜴，可以長到3公尺長喔！牠們的齒縫會分泌毒液，並且在咬住獵物時灌注毒液。科摩多巨蜥的毒液會緩慢發揮作用，所以咬傷獵物後，牠們會執著地追在獵物後面，直到獵物變得虛脫無力。

DATA

- 分類：巨蜥科
- 體型：2～3公尺
- 分布：印尼（科摩多島等島嶼）
- 危險：毒液

科摩多巨蜥還是小孩子的時候，會在樹上吃小蟲喔！

任人宰割的肉塊

緩慢
前進
舔
舔
就算逃跑了也不怕，只要循著氣味尋找就好。
你看！這不是找到了嗎？
呼…
好喘啊…
到了這地步，完全就是等著任人宰割的肉塊。
好厲害的傢伙啊～

毒液作用

我
咬！
逃
跑
好可惜啊～狩獵失敗！
那可不一定喔！
獵物一旦被我咬傷，就會血流不止，最後變得虛脫無力。
等過了一整天，毒液就會發揮作用。
這樣獵物早就逃跑了！

冷知識 科摩多巨蜥曾經被誤看成傳說中的龍，所以也會被稱為「科摩多龍」喔！

頭皮發麻
危險度!!

FILE_031

火蠑螈

發射毒液的距離可達2公尺遠

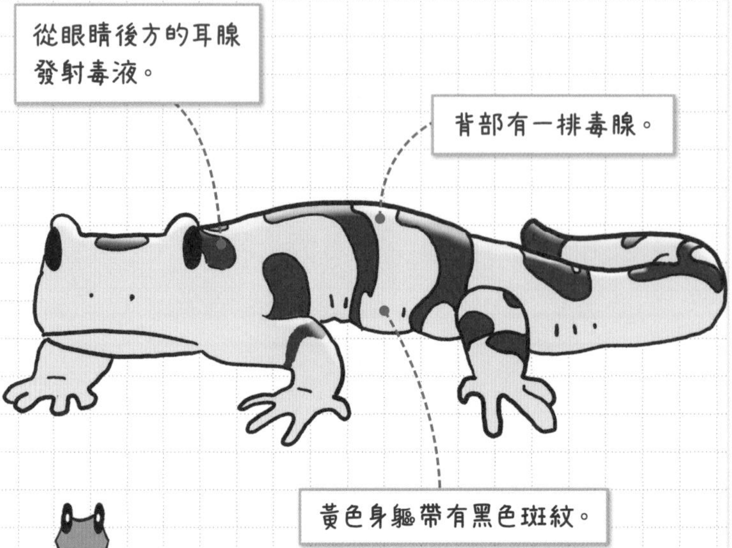
從眼睛後方的耳腺發射毒液。
背部有一排毒腺。
黃色身軀帶有黑色斑紋。

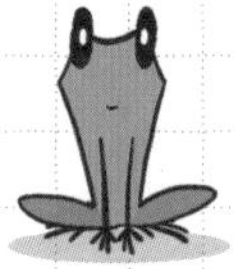

黑色搭配黃色的驚悚身形

火蠑螈是兩棲類生物，屬於蠑螈的同類，擁有黑色花紋的黃色身軀。火蠑螈的背部和眼睛後方會發射毒液，而且可以射到40～200公分那麼遠喔！牠們也被稱為真螈，習慣捕食蚯蚓或昆蟲的幼蟲。

DATA

- 分類：蠑螈科
- 體型：全長14～28公分
- 分布：歐洲西部～東部
- 危險：毒液

火蠑螈也是很受歡迎的寵物喔！

受歡迎的寵物
因為發射毒液的動作就像開槍會冒出火花，所以被命名為火蠑螈。
發射!!
再
發射！
可惡！居然有無形的牆壁擋著！
火蠑螈是非常受歡迎的寵物。

冷知識 分布在日本的紅腹蠑螈也有毒喔！

頭皮發麻
危險度!!

FILE_032

毒箭的來源

金色箭毒蛙

身體表面有無數個會分泌毒液的細孔。
鮮豔體色。

鮮豔體色是一種警戒色

金色箭毒蛙的皮膚表面帶有一種名為箭毒蛙鹼的劇毒，據說這種毒比河魨的毒強上四倍。南美洲的原住民以前都是利用這些青蛙的毒素，來製造毒箭的喔！這些青蛙也因此有了「箭毒蛙」之名。

DATA

- 分類：箭毒蛙科
- 體型：身長37～47毫米
- 分布：哥倫比亞
- 危險：毒液

金色箭毒蛙都是棲息在熱帶雨林的地面上喔！

箭毒

因為身上帶有劇毒，
抹呀抹！
好害怕啊～
所以被利用來製造毒箭。
抹呀抹！
咻！
不是因為你厲害才抓到獵物，是我身上的毒厲害！
還不快把我的那一份分給我！
我們還是吃蟲子就好了吧！

同類？

啊！發現同類了！
直直凝視——
呃……怎麼了嗎？
你身上的毒看起來不怎麼樣嘛。
如果要跟我比，恐怕連邊都沾不上吧！
是……
金色箭毒蛙是最強的箭毒蛙
↓

 冷知識 有些種類的箭毒蛙會背著蝌蚪寶寶養育牠們喔！

警戒色

多數生物都擁有保護色，好讓自己能夠躲藏在大自然中。不過，相反地，也有部分生物擁有在大自然中顯得醒目的鮮豔體色。目的是為了向其他生物發出警告說：「我身上有毒喔！」這就是所謂的警戒色。只要有過一次被這類有毒動物害得慘兮兮的經驗，大家就會不敢再接觸擁有相同顏色或花紋的生物。

箭毒蛙的同類

每一種分布在南美洲森林裡的小小箭毒蛙，都擁有美麗鮮豔的色彩或花紋。所有種類的箭毒蛙皮膚都帶有劇毒。多數青蛙都屬於夜行性動物，但箭毒蛙因為不需要躲藏，所以會在白天裡活動。

column

珊瑚蛇

DANGEROUS

珊瑚蛇全長有 65～115公分，分布在墨西哥到中美洲地區。珊瑚蛇身上帶有黑色、黃色和紅色的顯眼條紋，在警告敵人說：「我身上有毒喔！」世上還有長得和珊瑚蛇簡直一模一樣的假珊瑚蛇和聖保羅假珊瑚蛇，人們推測這是一種針對有毒珊瑚蛇的擬態現象。

頭皮發麻
危險度!!

FILE_033

網紋蟒

世上最重量級的蛇

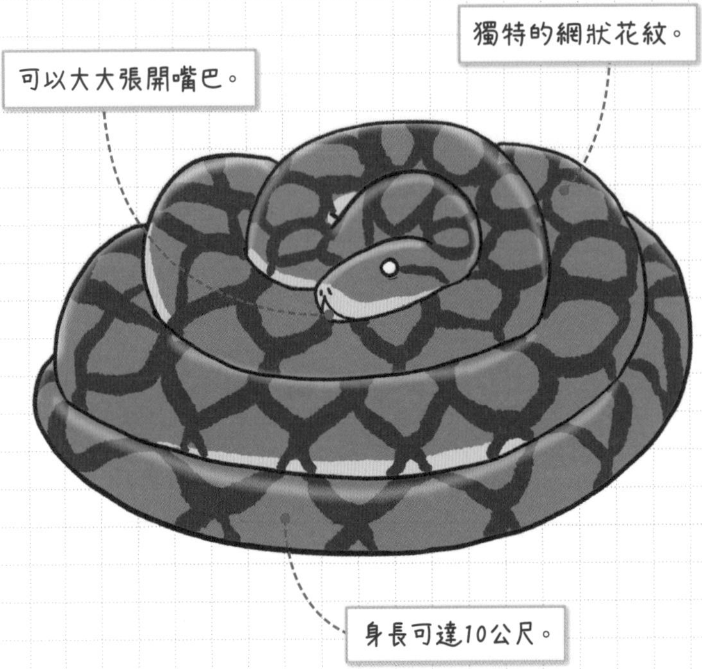
獨特的網狀花紋。
可以大大張開嘴巴。
身長可達10公尺。

最長達10公尺的大蛇

網紋蟒是世上最重量級的蛇，體型大一點的話，還可能有10公尺那麼長！牠們雖然無毒，但纏繞住獵物再用力綁緊的力道十分強大。緊緊纏住獵物使對方窒息後，網紋蟒就會張大嘴巴一口吞下整隻獵物。

DATA

- 分類：蟒科
- 體型：全長5～7公尺
最長可達10公尺
- 分布：東南亞
- 危險：緊繞

也會發生牛或豬等家畜被網紋蟒吃掉的事件喔！

難以置信

吃得肚子好撐喔！
你吃了什麼啊？
牛。
即使知道網紋蟒是用什麼方式吞下獵物，還是覺得難以置信。
他到底是怎樣把一頭牛吞進肚子裡的

最後……

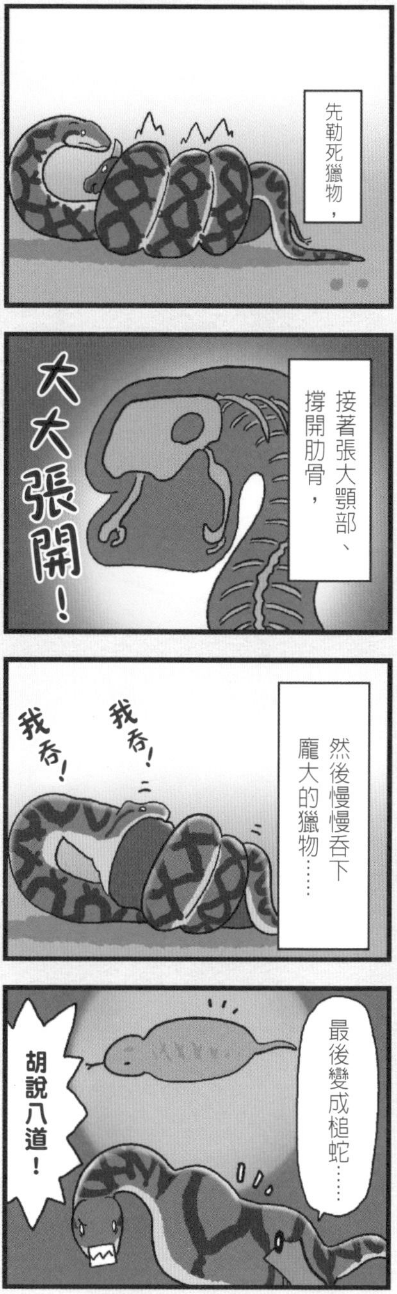
先勒死獵物，
接著張大顎部、撐開肋骨，
大大張開！
然後慢慢吞下龐大的獵物……
我吞！
我吞！
最後變成槌蛇……
胡說八道！

冷知識 在日本也有人把網紋蟒當成寵物飼養喔！

（註：槌蛇是日本的傳說生物，被形容是外表長得像槌子、身軀粗大的蛇。）

頭皮發麻
危險度!!

FILE_034

射毒眼鏡蛇

噴射毒液招數

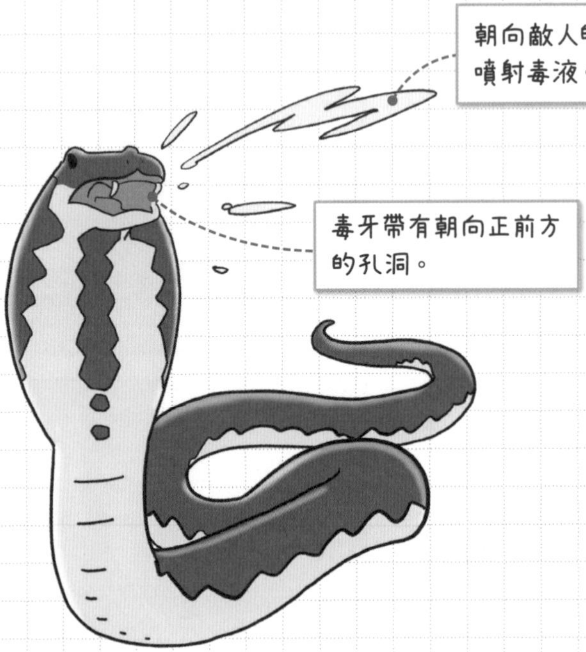
朝向敵人的眼睛噴射毒液。
毒牙帶有朝向正前方的孔洞。

朝向敵人的眼睛噴射毒液

試圖攻擊獵物時，射毒眼鏡蛇會用毒牙咬對方，但反過來發現有可能被敵人攻擊時，就會讓毒牙朝向敵人的眼睛噴射毒液。人類萬一被射毒眼鏡蛇的毒液射中眼睛，有可能導致失明喔！

射毒眼鏡蛇是因為毒牙帶有朝向正前方的孔洞可以噴射毒液，才能夠使出射人眼睛的招數。

DATA

- 分類：眼鏡蛇科
- 體型：全長70～100公分
- 分布：非洲南部
- 危險：毒液、毒牙

射毒眼鏡蛇只要抬高頸部，就能夠把毒液噴射到1～3公尺遠的地方喔！

為什麼呢？
為什麼攻擊時要特地瞄準眼睛呢？
因為只要毒液射中眼睛，
就會失明。
唰！
然後可以趁機逃跑，或是……
嘶
吃掉對方。

玩遊戲
我射！
哇！
好險
真可惜，沒瞄準。
你剛剛在射什麼東西啊?!
毒液。
射中眼睛的得分是80分、鼻子50分、腿部20分。
別在人家的身上玩遊戲！

 冷知識 如果毒液在敵人身上起不了作用，射毒眼鏡蛇就會裝死喔！

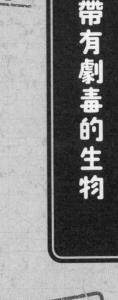

帶有劇毒的生物

世界第一毒…

DANGEROUS
地紋芋螺
最快2小時
豹紋章魚
最快1小時
澳大利亞箱形水母
最快1分鐘
你說的最快是什麼啊？
我是在說人類中了這些生物的毒之後，最快分別會在多久時間內死亡。
原來如此~
你說啥!!
我們的毒很厲害吧！

I ❤ DANGEROUS CREATURE

DANGEROUS CREATURE

column

澳大利亞箱形水母

DANGEROUS

澳大利亞箱形水母被形容是世界第一毒的生物。澳大利亞箱形水母只要用牠們的觸鬚碰一下魚類或蝦子等甲殼類，就能夠秒殺對方，然後吃下肚。澳大利亞箱形水母的觸鬚最長可達4.5公尺，而且在海裡不太容易發現牠們的觸鬚和半透明的浮囊。人類如果被澳大利亞箱形水母刺傷，短短幾分鐘就會引起呼吸困難或心臟停止跳動等嚴重症狀。有時可能還來不及使用解毒藥，便已經毒性發作而沒了命。

地紋芋螺

DANGEROUS

雖然地紋芋螺看起來小小一個，但千萬不能掉以輕心。地紋芋螺的齒舌帶有名為「芋螺毒素」的毒素，這種毒素的毒性比印度眼鏡蛇毒上40倍左右，會有人因為把地紋芋螺撿回家或泳衣不小心夾到地紋芋螺而被刺傷。芋螺毒素沒有血清可以解毒，非常危險。日本沖繩地區的人們都非常畏懼地紋芋螺，還幫牠們取了「波布螺」的名字。

column column

頭皮發麻
危險度!!

FILE_035

雙髻鯊

凶猛的槌頭鯊魚

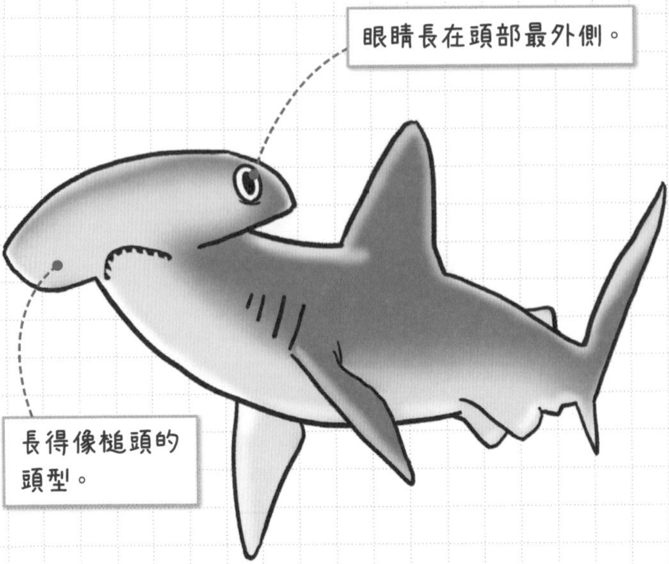
眼睛長在頭部最外側。
長得像槌頭的頭型。

左右眼分得很開的可怕長相

雙髻鯊的頭部往左右兩邊突出，看起來很像槌頭。至於眼睛呢，眼睛則長在槌頭的前端。哪怕是帶有毒棘的赤魟，雙髻鯊也能夠輕鬆吃下肚。雙髻鯊情緒亢奮時也可能會攻擊人類，是具有危險性的鯊魚喔！

DATA

- 分類：雙髻鯊科
- 體型：全長4公尺
- 分布：全日本（北海道除外）
  全世界的溫帶～熱帶海域
- 危險：牙齒（緊咬）

人們在釣魚時，雙髻鯊有時會搶走上鉤的魚兒呢！

雙髻鯊很危險？

雙髻鯊雖然是鯊魚，但罕見地會成群行動。
至於當中有沒有體型龐大又飢餓的雙髻鯊吃過人類……
我
咬！
心跳加速
好像有過，又好像沒有過……
這傢伙怎麼每次講話都模稜兩可……

應該啦……

好滑稽的長相喔！
我們的腦袋裡可是塞滿了感受性絕佳的勞倫氏壺腹，
能夠靠著偵測微弱電場來捕捉獵物。
左彈！
右彈！
我們的生性溫馴，所以不會攻擊人類……
……應該啦。
應該?!

鯊魚的能力

敏感
DANGEROUS
勞倫氏壺腹
可以感應到微弱的電場，
正確掌握獵物在什麼地方。
因為非常地敏感，所以……
我捏！
哎呦……拜託別摸我那裡，我會全身無力……
好溫馴喔！

I ♥ DANGEROUS CREATURE

DANGEROUS

DANGEROUS CREATURE

column

勞倫氏壺腹

DANGEROUS

鯊魚的頭部前端和嘴巴四周的部位帶有無數細孔，那些是被稱為「勞倫氏壺腹」的器官。勞倫氏壺腹是一種能夠感應微弱電場的器官，可感應到獵物肌肉所發出的電場。鯊魚就是利用這樣的能力，來掌握獵物的所在位置。

鯊魚的牙齒和皮膚

DANGEROUS

鯊魚的顎部內側有好幾排預備用的牙齒，所以就算鯊魚太用力咬獵物而弄斷了牙齒，也會有新牙齒接二連三地替補上來。

如果從頭部朝向尾巴撫摸鯊魚的身體，會感覺到鯊魚的皮膚平滑，但如果從尾巴朝向頭部撫摸，就會變得粗糙。人們推測這樣的鯊魚皮膚構造能夠幫助鯊魚在游泳時，減輕水的阻力。

column column

頭皮發麻
危險度!!

FILE_036

巨狗脂鯉

擁有尖銳牙齒的巨大魚

大而尖銳的牙齒。

也會攻擊人類的巨大魚

巨狗脂鯉棲息於非洲的剛果河，牠們的身長達1點3公尺，在棲息於河川的魚類當中，算是體型相當龐大的魚。巨狗脂鯉擁有像老虎獠牙一般的尖銳牙齒，所以也被稱為「黃金老虎魚」。據說巨狗脂鯉也會攻擊人類喔！

DATA

- 分類：脂鯉科
- 體型：全長1.3公尺
- 分布：中部非洲（剛果河流域）
- 危險：牙齒

巨狗脂鯉平常很溫馴，不要刺激牠們就不會有危險。

真的有人會飼養嗎？

說到巨大又殘暴的巨狗脂鯉，
在寵物店也買得到牠們喔！
這麼凶猛的魚真的有人會當寵物養嗎？
巨狗脂鯉
寵物店裡賣的巨狗脂鯉體型大小剛剛好！
大約10～15公分
真的耶
養了幾年後，體型就會大得離譜！
卡住！
所以我才在問真的有人會當寵物養嗎？

什麼都吃

擁有獠牙的凶猛巨大魚——巨狗脂鯉。
牠們的食慾旺盛，什麼都吃！
張大嘴巴
……
因此，深受釣魚愛好者的喜愛！
破水而出
輕而易舉就被釣起來了……

冷知識 釣魚愛好者在釣巨狗脂鯉時，都會把魚鉤綁在鋼絲上，以免被咬斷釣魚線。

頭皮發麻
危險度!!

FILE_037

頜針魚
如標槍般的魚

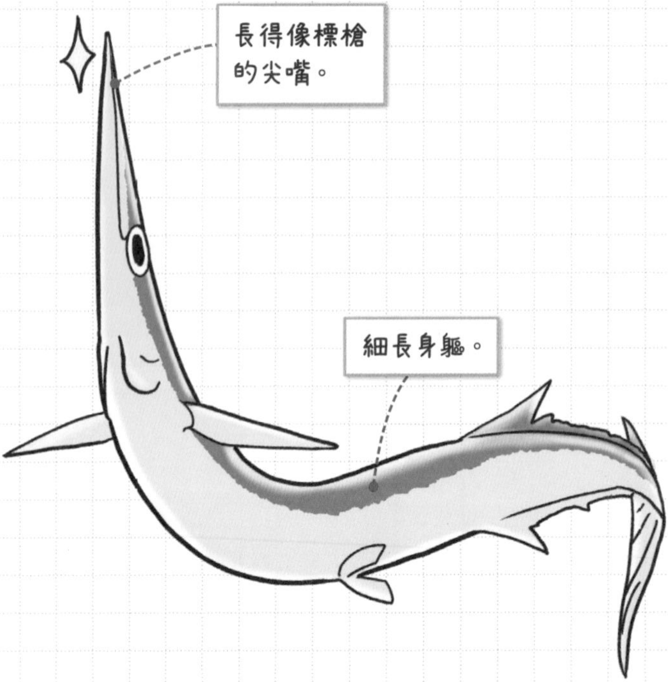
長得像標槍的尖嘴。
細長身軀。

習慣衝向有光的地方

頜針魚擁有細長身軀，以及長得像標槍的尖嘴。牠們有一個習性，每到了夜晚就會衝向有光的地方。頜針魚會以猛烈的游泳速度朝向光線衝去，所以會造成刺傷潛水者的意外。牠們還擁有鋒利的牙齒，萬一被咬傷，還可能會嚴重受傷呢！

DATA

- 分類：頜針魚科
- 體型：身長100公分
- 分布：日本房總半島以南
- 危險：尖嘴（暴衝）

頜針魚有時會成群在接近水面的地方游動喔！

利針
亮
晶晶
天啊！好尖銳啊！
因為我是頜針魚啊！
我們可以在這樣的姿勢之下，以60公里的時速衝刺。
根本就是殺人武器了嘛！
啊……
也很像飛鏢！
抖~動
我的耳朵都快長繭了！
就知道你會這麼說……

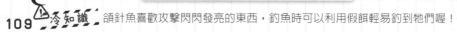

冷知識 頜針魚喜歡攻擊閃閃發亮的東西，釣魚時可以利用假餌輕易釣到牠們喔！

頭皮發麻
危險度!!

FILE_038

伊氏石斑魚

一口就能吞下鯊魚

大大的嘴巴。
圓圓的尾巴。

身長可達2公尺的巨大魚

伊氏石斑魚因為體型龐大而出名，最大可以長到2公尺。如果是小型鯊魚，伊氏石斑魚一口就能吞下牠們。伊氏石斑魚的好奇心旺盛，也因此會發生咬傷潛水者的意外。有些地區的人們畏懼牠們，擔心會被一口吞下。

DATA

- 分類：鮨科
- 體型：全長2公尺，最大可達2.7公尺、體重400公斤
- 分布：日本南部、印度洋、太平洋
- 危險：巨大的嘴巴

伊氏石斑魚還有另一個名字叫作歌利亞石斑魚喔！

難以置信的食物

到底要吃什麼才會變成像你這麼大隻？
像是大隻的魚啊，
大隻的蝦子啊。
還有一個，潛水者。
……
……潛水者？

因為夠大隻

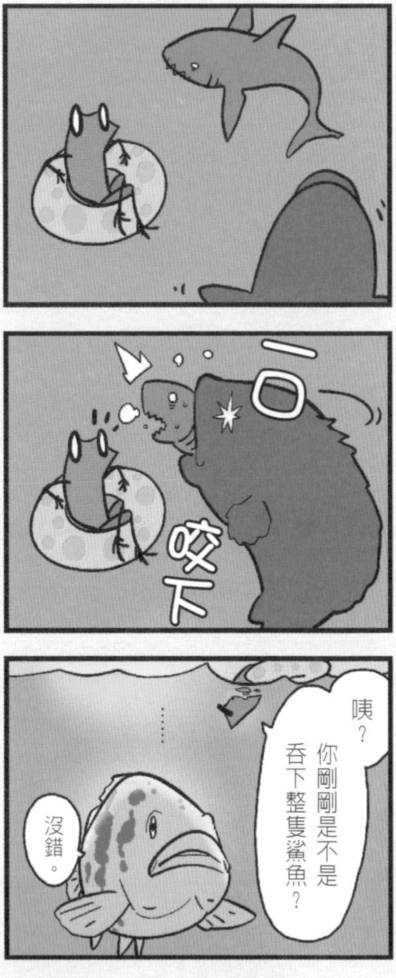
一口
咬下
……
咦？
你剛剛是不是吞下整隻鯊魚？
沒錯。
……我看剛剛那隻鯊魚的大小，就心想應該有辦法整隻吞下肚。

冷知識 伊氏石斑魚以前曾經被大量捕捉過，所以現在被列為保育類動物喔！

頭皮發麻
危險度!!

FILE_039

電鰻

一碰就觸電

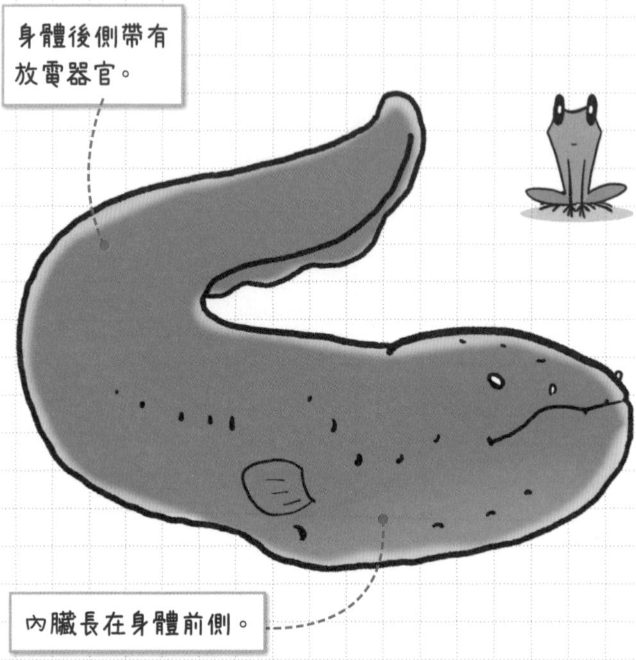
身體後側帶有放電器官。
內臟長在身體前側。

放電電壓最高可達850伏特！

電鰻的大部分身體部位都帶有放電器官，放電時的電壓可達到650～850伏特。電鰻會利用放電來捕捉獵物，或保護自己不被敵人攻擊，也會發生人類和馬隻不小心摸到或踩到電鰻而觸電的意外喔！還有，電鰻會吞入空氣來進行呼吸。

DATA

- 分類：裸背電鰻科
- 體型：全長2公尺
- 分布：南美洲（亞馬遜河、奧利諾科河流域）
- 危險：放電

電鰻會使出放電攻擊，來捕食魚類或蝦子等生物。

明明是魚類

噗哈
噗哈
請問你在做什麼？
在呼吸啊，如果光靠魚鰓呼吸，我們會缺氧的。

會不會太強烈了？

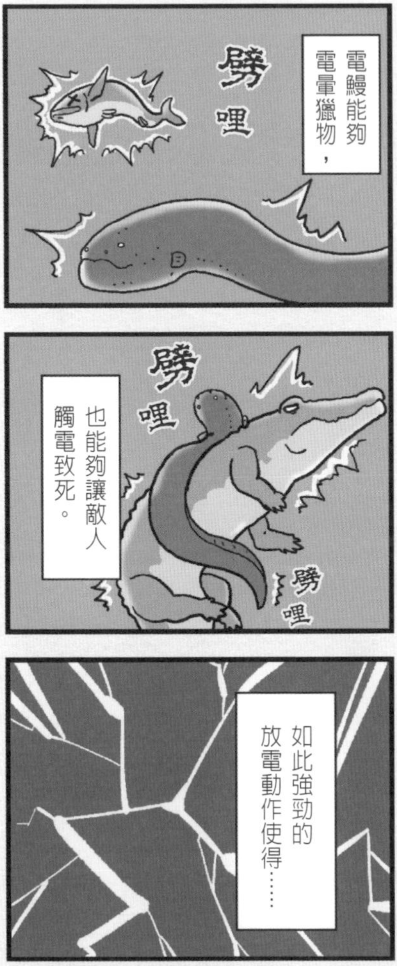
電鰻能夠電暈獵物，
劈哩
也能夠讓敵人觸電致死。
劈哩
劈哩
如此強勁的放電動作使得……
電鰻自己也會觸電。
抖動
抖動
媽呀～～～
真不知道該說牠們很厲害，還是很蠢……

 冷知識 雖然電鰻的名字裡有「鰻」字，但牠們不是鰻魚的同類喔！

放電攻擊

伏特
大海裡也有放電魚喔！
東京電鰩
我們能夠在這片無邊無際的海洋存活下來，
放電功夫當然不可能輸給區區的淡水魚！
光芒四射！
聽說電鰻放電的電壓可以達到650伏特以上。
淡水魚
60伏特
咦？真的假的……牠們是怪物啊?!

部分肌肉就是放電體

全世界有將近200種放電魚。當中幾乎所有放電魚都是因為部分肌肉進化成放電體，而放電體是由具有放電功能的特殊細胞所構成，因此能夠放電。其實一般生物在動作肌肉或神經時，每一個細胞都會釋放微弱的電場。放電體是透過特別的細胞排列方式，以及讓所有細胞同時放電，來釋放強烈的電場。

DANGEROUS

放電的用途

與東京電鰩同類的魚廣泛分布在溫帶和熱帶海域。牠們平常會鑽進海底的沙地裡，等到小魚靠近時，就會撲向小魚，再用身體包覆住小魚放電。最後，麻痺不得動彈的小魚就會成為牠們的食物。

分布在非洲淡水流域的裸臀魚利用身體放電後，身體四周會形成電場（有電力流動的地方）。裸臀魚可藉由電場掌握四周的狀況，幫助牠尋找獵物或避開障礙物。人們推測裸臀魚是因為生活在河水混濁的環境之中，才會有發達的放電器官。

DANGEROUS

頭皮發麻
危險度!!

FILE_040

紅鰭東方魨

帶有劇毒卻很美味的魚

圓圓的眼睛。
大大的黑色斑點。
身上長有小小的棘刺。

肝臟和卵巢帶有劇毒！

紅鰭東方魨是出名好吃的魚。不過，牠們的肝臟和卵巢等部位帶有名為「河魨毒素」的劇毒。因此，必須擁有執照才夠資格料理河魨。萬一中了河魨毒素的毒，將會四肢麻痺，呼吸變得困難，甚至有可能失去性命。

DATA

- 分類：四齒魨科
- 體型：身長70公分
- 分布：全日本（琉球列島除外）
- 危險：食物中毒

人工養殖的紅鰭東方魨沒有毒喔！

手槍
日本的大阪人給我取了一個暱稱叫作「手槍」。
為什麼？
因為如果中了我的毒，就會像被手槍打中一樣死翹翹。
意思就是你們好吃到讓人不顧性命也想吃。
嘿啊♡

冷知識 河魨類都擁有堅固的牙齒，萬一被咬到會讓人痛得唉唉叫喔！

頭皮發麻 危險度!!

FILE_041

大鱗魣

人類也是攻擊對象

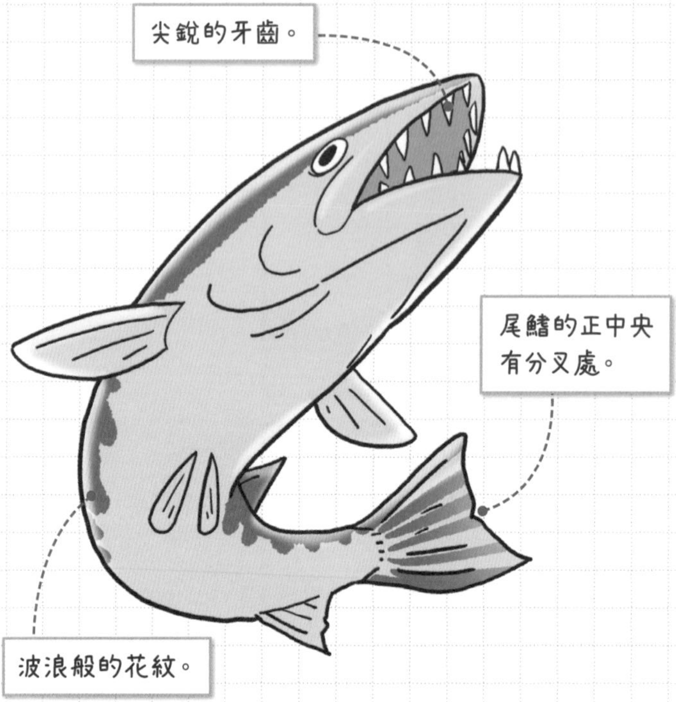
尖銳的牙齒。
尾鰭的正中央
有分叉處。
波浪般的花紋。

生性凶猛且滿嘴尖牙

大鱗魣的生性兇猛，並且擁有尖銳的牙齒，屬於危險性很高的魚類。大鱗魣對人類也是充滿了攻擊性，所以也會發生人類被咬成重傷的意外。另外，大鱗魣的體內有時會帶有雪卡毒素，所以也屬於食用後可能引發食物中毒的危險魚種。

DATA

- 分類：金梭魚科
- 體型：身長1.7公尺
- 分布：日本南部、琉球列島
- 危險：牙齒、雪卡毒素

大鱗魣又叫作巴拉
金梭魚喔！

骨頭？骨氣？

殘暴的肉食魚
——大鱗魣
眼神
凶狠
有人形容牠們比鯊魚更加可怕。
這還用說嗎？
我們怎麼可能輸給鯊魚那些沒有骨氣的傢伙！
鯊魚有骨頭的喔，只是比較軟而已。
軟骨魚類
硬骨魚類
我說的不是骨頭，是骨氣！

發亮物

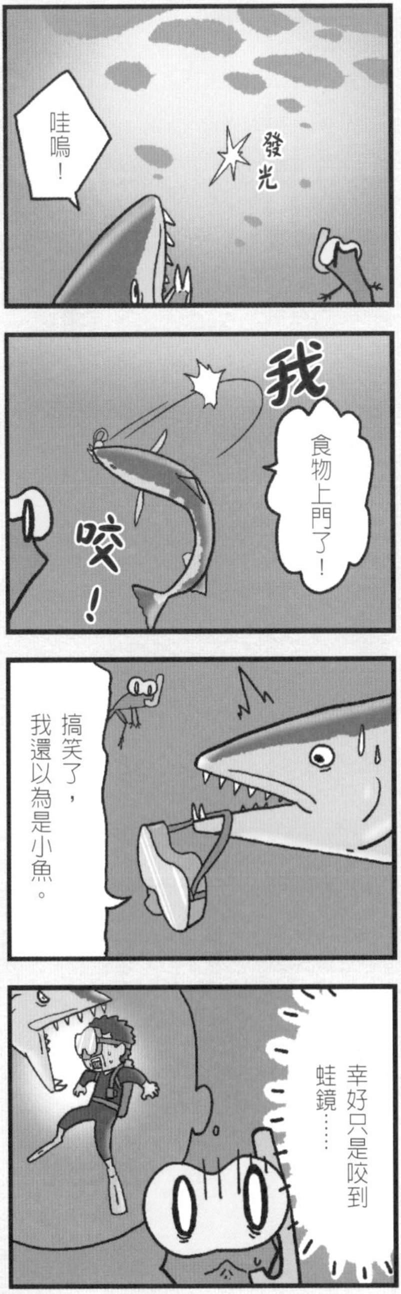
哇嗚！
發光
我
食物上門了！
咬！
搞笑了，我還以為是小魚。
幸好只是咬到蛙鏡……

冷知識 大鱗魣在幼魚時會擬態成紅樹林的枯葉或海藻在水中漂浮。

從食物獲取毒素

有必要嗎？

DANGEROUS

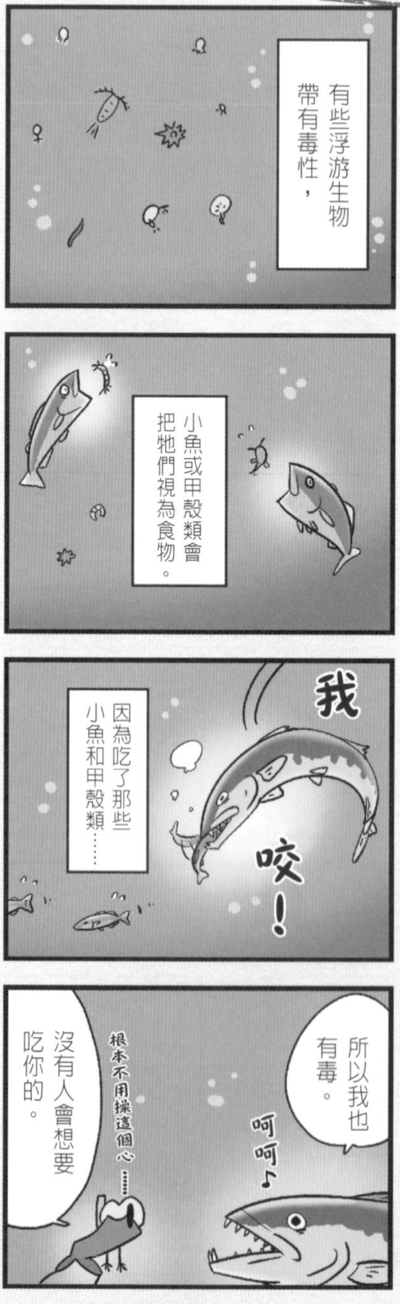
有些浮游生物帶有毒性，
小魚或甲殼類會把牠們視為食物。
我
咬！
因為吃了那些小魚和甲殼類……
所以我也有毒。
呵呵♪
根本不用操這個心……
沒有人會想要吃你的。

I ❤ DANGEROUS CREATURE

DANGEROUS

河魨毒素

其實河魨本身沒有毒性，使牠們帶有毒性的凶手是海裡的細菌。吃下這些細菌的生物會變得帶有毒性，如果再有其他生物捕食吃了細菌的生物，就會帶有相同的毒性。毒素會像這樣從一種生物傳達到另一種生物，毒性也會變得愈來愈強。河魨毒素就是這樣蓄積下來的毒素。人工養殖的河魨並沒有吃下帶有毒性的生物，所以沒毒。

DANGEROUS

雪卡毒素

雪卡毒素是聚集在珊瑚礁四周的魚類所帶有的毒素。這種毒素主要蓄積在魚類的肝臟，人類如果吃下這種毒素，就會出現神經或腸胃道方面的異常症狀。帶有雪卡毒素的魚本身並沒有毒，牠們是吃下有毒的浮游生物才會變得帶有毒性，而這些毒素也會慢慢蓄積。不過，這些魚是因為吃下的食物才會變得有毒，所以當地點或自然環境不同時，即使是被認為帶有雪卡毒素的魚，也可能沒毒。

DANGEROUS

頭皮發麻
危險度!!

FILE_042

豹紋章魚

發出藍光的毒章魚

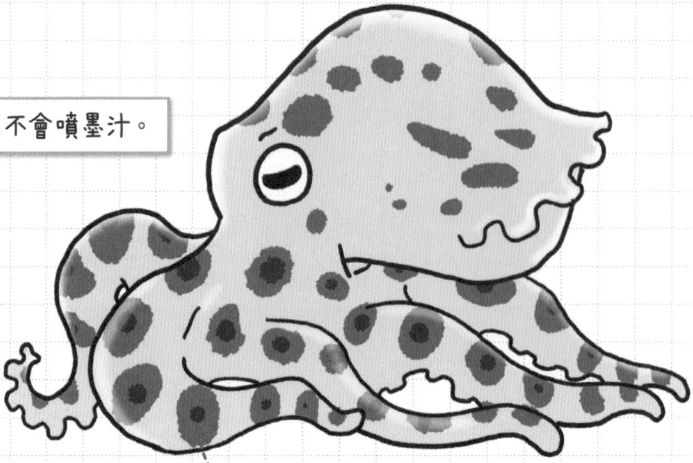
不會噴墨汁。
察覺到有危險時，身體就會浮現藍環。

發出藍光的豹紋

豹紋章魚屬於體型較小的章魚。不過，豹紋章魚的唾液帶有劇毒，萬一被咬傷，可能會危及性命。豹紋章魚的毒素和河魨一樣，都屬於河魨毒素。如果在海邊發現豹紋章魚的話，千萬不要亂抓喔！

DATA

- 分類：章魚科
- 體型：全長10公分
- 分布：日本房總半島以南、小笠原諸島、南西諸島
- 危險：毒素

豹紋章魚會躲在岩礁和珊瑚礁的底下喔！

危險警告!

好小一隻喔~
小小一團
浮起~
哇啊!
太靠近會有危險喔!我們身上有劇毒!
危險警告!危險警告!
我們身上的毒是氰化鉀的八百倍!
氰化鉀?
感謝您詳細的說明……

溫暖

我們喜歡溫暖的海域。
這樣啊。
像東京灣之類的。
東京灣算溫暖嗎?
冬天還滿冷的吧?
因為最近東京灣變暖和了,我才會決定來見識一下大都市♪
也是,畢竟地球暖化很嚴重。

冷知識 我們經常食用的章魚唾液也帶有微弱的毒性喔!

頭皮發麻
危險度!!

FILE_043

毒蠅傘

頂著紅傘的毒菇

帶有白色凸點的紅色菌傘。
帶有菌環的白色菌柄。

具代表性的毒菇

毒蠅傘的菌傘多是呈現鮮豔的紅色或橘色，菌傘表面長有許多像腫瘤的白色凸點。毒蠅傘很容易被誤以為是可食用的花柄橙紅鵝膏菌，大家千萬要小心喔！萬一吃下毒蠅傘，將會出現流口水、嘔吐、腹瀉、幻覺等症狀。

DATA

- 分類：鵝膏菌科
- 體型：菌傘直徑6～15公分
- 分布：日本本州以北（本州極為少見）
- 危險：食物中毒

毒蠅傘會長在標高較高的高山森林裡喔！

上吐下瀉
!!
你的外表好醒目喔～
完全就是典型的香菇模樣。
我們雖然長得漂亮，但有毒喔！
萬一把我們吃下肚……
保證你上吐下瀉。
我是青蛙，菇類不是我們的菜。

蒼蠅
嗡
毒蠅傘
蒼蠅都很愛毒蠅傘
從很久以前，
就一直被利用來捕捉蒼蠅。
落地
昆蟲也上吐下瀉。
我是青蛙，蒼蠅是我們的菜！

冷知識 不只有在日本，在歐洲也看得到毒蠅傘喔！

傻傻分不清楚毒菇

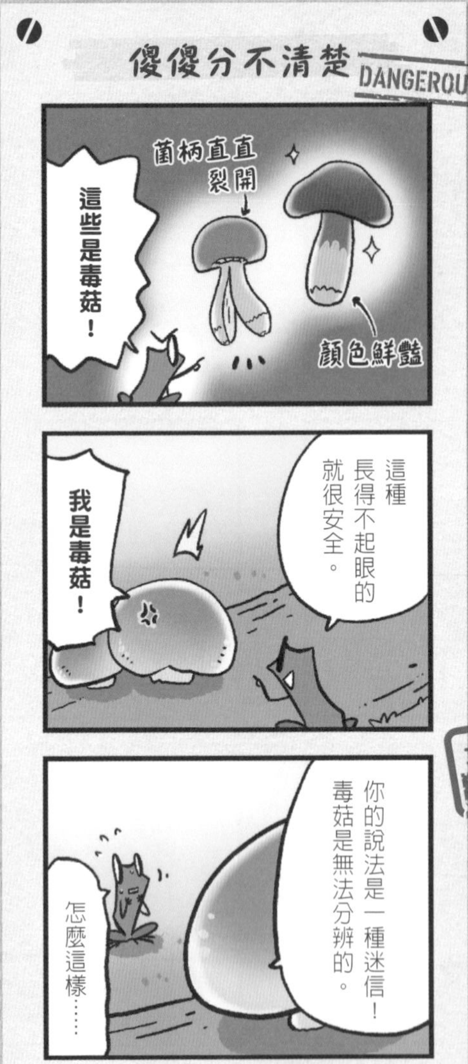
傻傻分不清楚
DANGEROUS
這些是毒菇！
菌柄直直裂開
顏色鮮豔
這種長得不起眼的就很安全。
我是毒菇！
你的說法是一種迷信！毒菇是無法分辨的。
怎麼這樣……
這種顏色代表有毒！
看起來就很毒……
是～喔
真的喔～
那我豈不是騙了我朋友……

DANGEROUS CREATURE

分辨食用菇和毒菇的錯誤觀念

●只要是顏色不起眼的菇類就可以吃。
●只要晒乾過就可以吃。
●只要是昆蟲會吃的菇類就可以吃。
●只要菌傘底部是海綿狀就可以吃。

如上述內容，針對食用菇有各種各樣的說法，但這些說法都是沒有經過科學證實的迷信，而毒菇也像食用菇一樣有許多類似的說法。除非是專家，否則不可能分辨得出毒菇，大家千萬要小心喔！

DANGEROUS

引起食物中毒的三大毒菇

日本臍菇、褐蓋粉褶菌、褐黑口蘑；這三種毒菇有著不起眼的顏色，外表和可食用的菇類非常相似，所以發生過無數次誤把這些毒菇當成食用菇吃下肚，最後引起食物中毒的意外。從這點，我們可以清楚知道「只要是顏色不起眼的菇類就可以吃」是不能採信的說法。

DANGEROUS

column

頭皮發麻
危險度!!

FILE_044

被刺到保證痛得哇哇叫

入侵紅火蟻

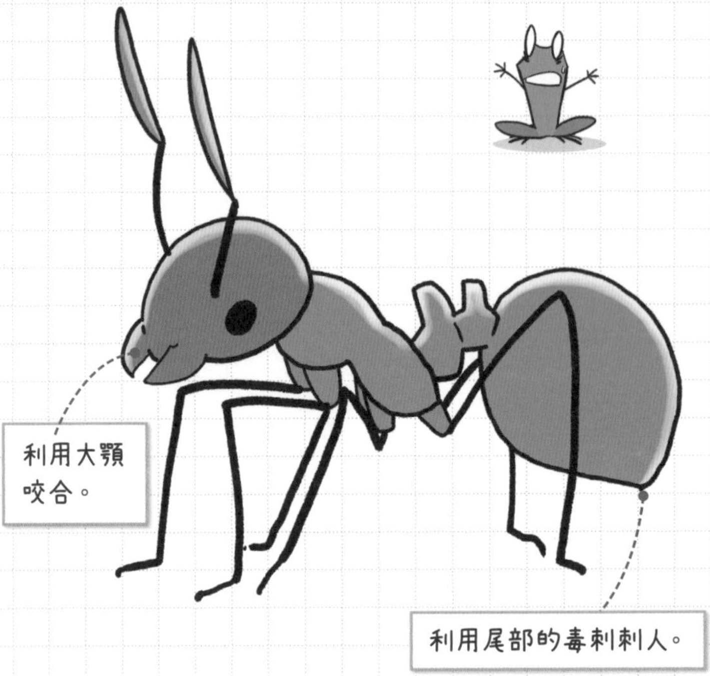
利用大顎咬合。
利用尾部的毒刺刺人。

隨著船隻行李一起來到日本

人類如果被入侵紅火蟻刺傷，不僅會感到搔癢，還會有強烈的疼痛感。也發生過有過敏體質的人被刺傷，最後不幸死亡的例子。日本並不是入侵紅火蟻的棲息地，但有人發現過隨著船隻行李一起來到日本的入侵紅火蟻。

DATA

- 分類：蟻科
- 體型：身長3～8毫米
- 分布：南美洲
- 危險：毒刺

紅火蟻會棲息在海岸、草原，或是民宅四周的地底下喔！

新天地
日本！新天地耶！
我們要好好征服這個國家！
有擋路者就使出毒刺攻擊！
我刺！
我刺！
嗡
我們要一直增加勢力……
好可怕啊！
入侵紅火蟻的天敵是會寄生在牠們身上的寄生蠅。
不要～
救命啊～
寄生蠅
好像來到了微世界喔……

冷知識 偶爾會在港口發現入侵紅火蟻的蹤影喔！

頭皮發麻
危險度!!

FILE_045

鬥牛犬蟻

跳起來捕捉獵物的螞蟻

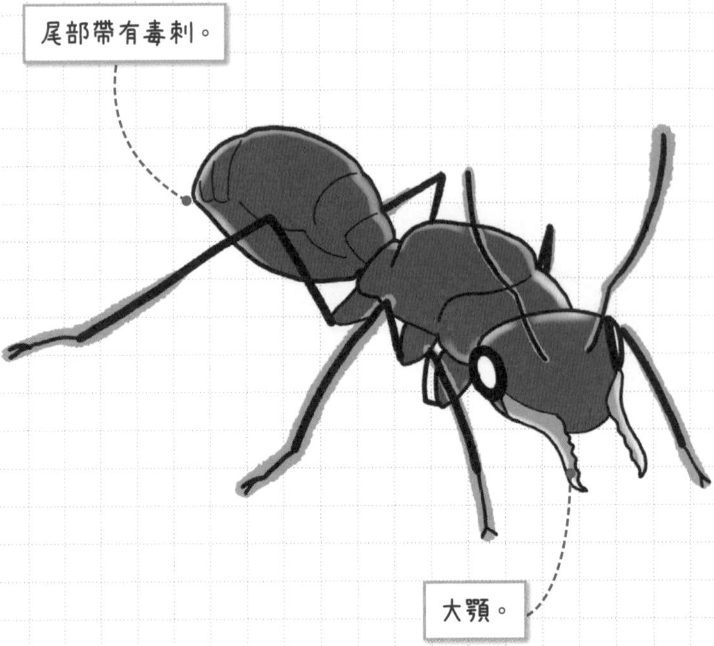
尾部帶有毒刺。
大顎。

帶有劇毒的毒蟻

鬥牛犬蟻擁有會分泌劇毒的毒刺以及大顎。牠們的毒性強大，如果是過敏體質的人被刺傷，有時可能會致死。鬥牛犬蟻還能夠迅速移動，並且往上跳到10公分左右的高度捕捉在空中飛行的蒼蠅。

DATA

- 分類：蟻科
- 體型：身長10～15毫米
- 分布：澳洲東南部～塔斯馬尼亞州
- 危險：毒刺

鬥牛犬蟻也被稱為傑克跳蟻喔！

一點意義也沒有

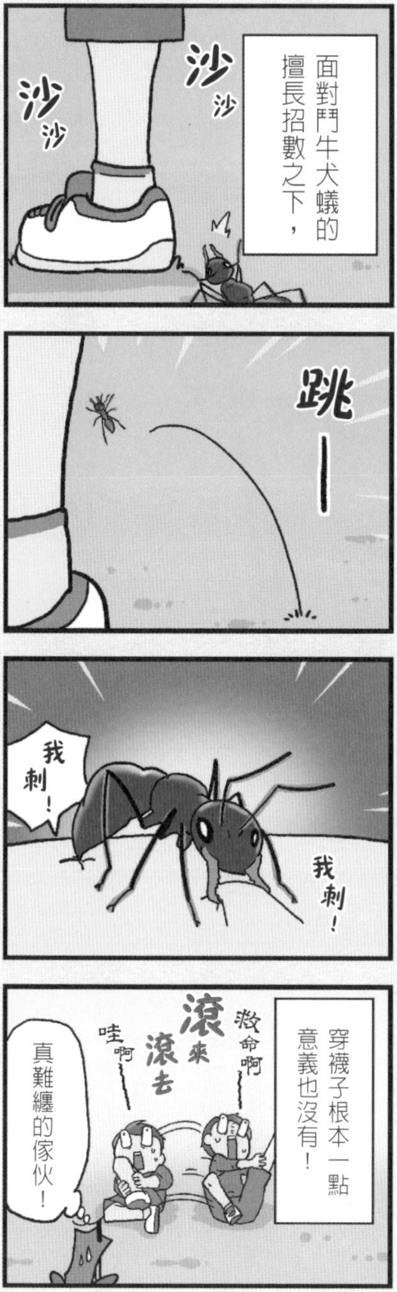
面對鬥牛犬蟻的擅長招數之下，
沙沙
沙沙
跳—
我刺！
我刺！
穿襪子根本一點意義也沒有！
滾來滾去
救命啊～
哇啊～
真難纏的傢伙！

跳躍力

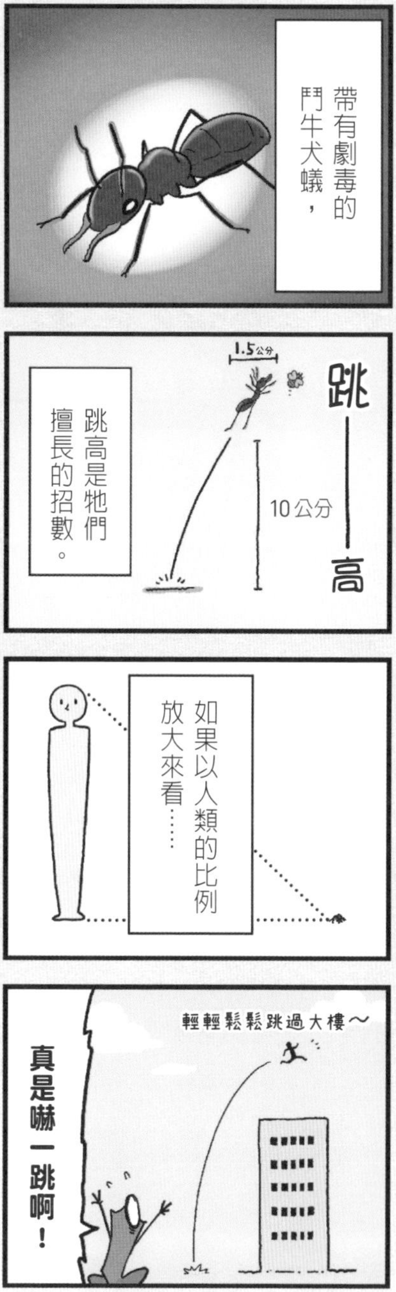
帶有劇毒的鬥牛犬蟻，
跳高是牠們擅長的招數。
1.5公分
10公分
跳—高
如果以人類的比例放大來看……
輕輕鬆鬆跳過大樓～
真是嚇一跳啊！

冷知識 在鬥牛犬蟻的棲息地，還會提醒人們小心不要被鬥牛犬蟻叮咬，以免得引起過敏性休克呢！

危險的外來生物

外來生物是指原本沒有分布在日本，但被人類帶進國內，或隨著交通工具來到日本的生物。當中有許多外來生物會吃掉日本原有的生物和農作物，也有會對人類造成傷害的危險生物。

浣熊

DANGEROUS

浣熊來自北美洲，身長41～60公分。浣熊屬於夜行性動物，會在晚上出來覓食。牠們是雜食性動物，會吃魚類、貝類、果實、鳥蛋或小型動物。因為被當成寵物飼養的浣熊自己逃跑或遭到棄養，所以浣熊的分布範圍變廣了。農田遭到浣熊破壞、農作物被吃掉的受害案例也愈來愈多。浣熊有時還會在別人家的房子天花板上面住下來呢！

擬鱷龜

DANGEROUS

　　擬鱷龜來自北美洲，龜殼長度50公分。牠們會吃魚類、小型動物或植物等等。擬鱷龜會被帶進國內當成寵物飼養，但因為越養越大隻後，就無法繼續當寵物飼養，最後被丟棄在池塘等地方，擬鱷龜的分布範圍也因此變廣了。擬鱷龜會把池塘或河川裡的生物吃個精光，牠們的咬合力十分強大，有時還會咬傷人類。

頭皮發麻
危險度!!

FILE_046

少棘蜈蚣

利用大顎咬合

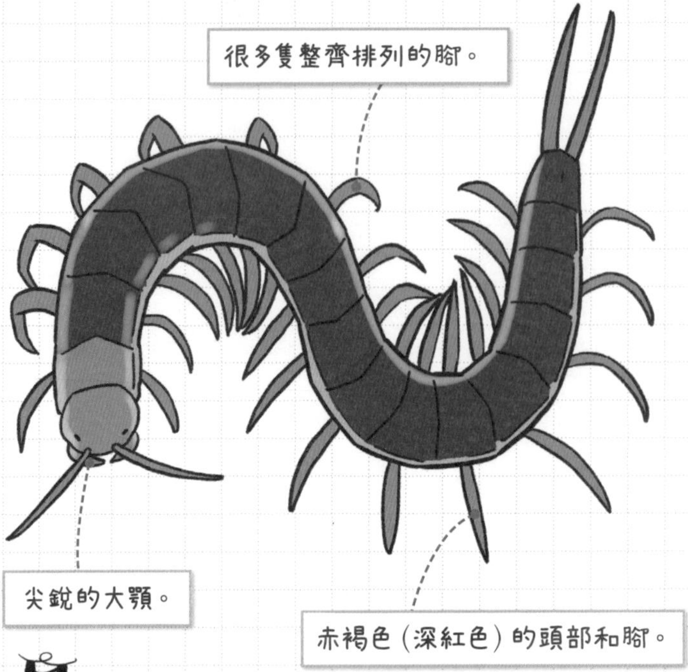

很多隻整齊排列的腳。
尖銳的大顎。
赤褐色（深紅色）的頭部和腳。

令人毛骨悚然的外表和毒性

以分布在日本的蜈蚣來說，少棘蜈蚣是體型最大的一種。少棘蜈蚣不僅體型大，還擁有尖銳的有毒大顎，萬一被咬傷了，可是會痛得哇哇叫！嚴重一點的話，還會出現頭痛或呼吸困難的症狀。少棘蜈蚣有著密密麻麻的腳，那毛骨悚然的外表讓人看了就害怕。

DATA

- 分類：蜈蚣科
- 體型：身長11～13公分
- 分布：東亞、日本（本州以南）
- 危險：有毒大顎

少棘蜈蚣會棲息在落葉底下喔！

五顏六色

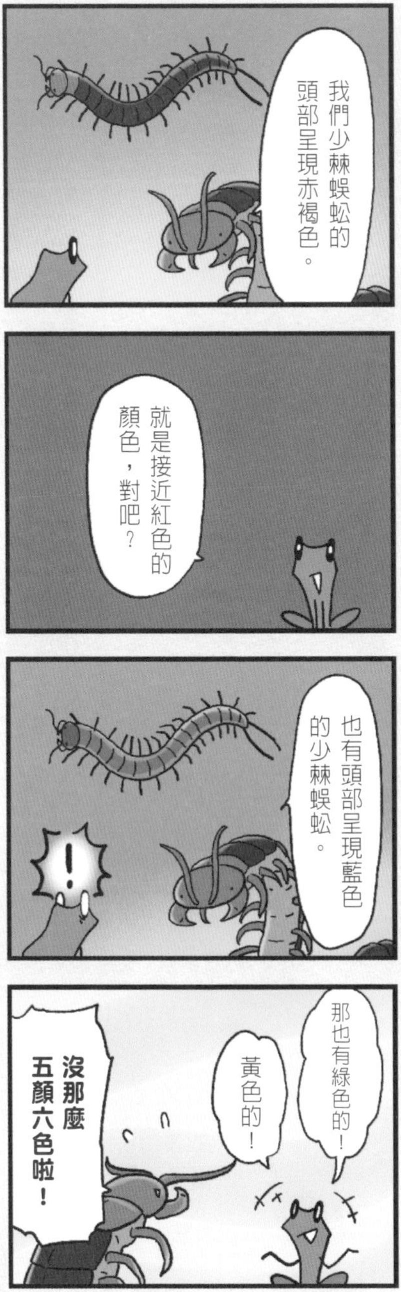
我們少棘蜈蚣的頭部呈現赤褐色。
就是接近紅色的顏色，對吧？
也有頭部呈現藍色的少棘蜈蚣。
！
那也有綠色的！
黃色的！
沒那麼五顏六色啦！

討人厭的存在

身長可以長到20公分左右
密密麻麻的腳！
體型頗大！
有毒！
雖然沒有一個討人喜歡的地方，但少棘蜈蚣也有讓人會心一笑的一面。
牠們會呵護照顧蜈蚣寶寶。
但這畫面看起來實在挺可怕的。

冷知識 少棘蜈蚣會爬上洗好的衣服入侵人類的家中，有時會在摺衣服時被咬傷。

頭皮發麻
危險度!!

FILE_047

雪梨漏斗網蜘蛛

世界第一強的劇毒蜘蛛

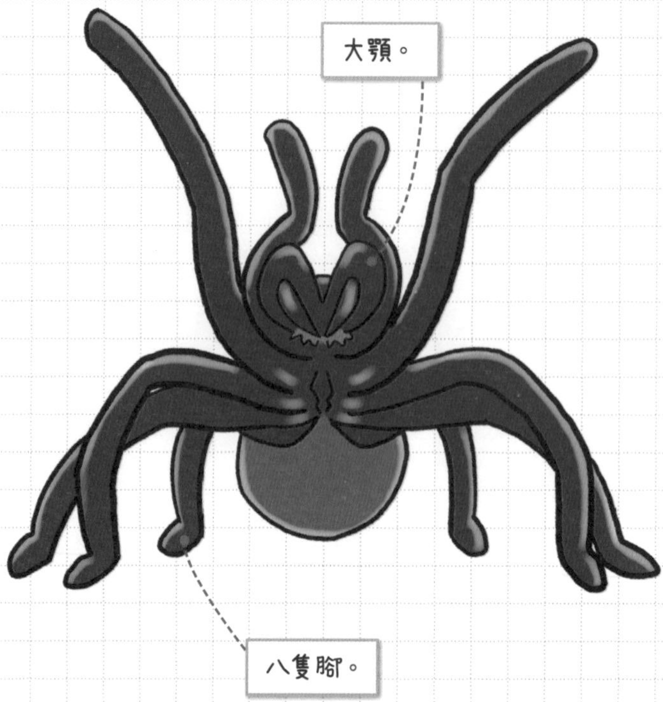
大顎。
八隻腳。

帶有劇烈神經毒素的小蜘蛛

雪梨漏斗網蜘蛛被形容是全世界最危險的蜘蛛。牠們的攻擊性強，並且帶有劇烈的神經毒素。遇到危險時，雪梨漏斗網蜘蛛會抬高身體前側，高高舉起前腳。有時，雪梨漏斗網蜘蛛會在夜晚闖入人類的住家，偷偷躲在鞋子裡面喔！

DATA

- 分類：毒疣蛛科
- 體型：身長1～5公分
- 分布：澳洲東部
- 危險：毒素

雪梨漏斗網蜘蛛會
吃昆蟲和蜘蛛喔！

近在身邊
在毒蜘蛛當中，帶有最毒神經毒素的蜘蛛。
萬一被咬傷，就會有生命危險。
我
咬！
牠們就是雪梨漏斗網蜘蛛！
就是這位大哥！
在澳洲雪梨的住宅區也會看到牠們出沒。
好恐怖……

為了什麼而存在？
很奇妙的一件事……
對於人類和猴子之外的生物，雪梨漏斗網蜘蛛的毒素幾乎不會起作用。
……蛤？
你們是為了殺死人類而存在的嗎？
應該不是吧……

冷知識 雪梨漏斗網蜘蛛屬於指定外來生物，原則上是不能帶進日本來的喔！

3章

讓人心跳加快的危險生物

DANGEROUS

p.170

最強？最弱？

大危險處發現！

p.152

海底也有毛毛蟲?!

p.148

美麗的水中拳擊手

p.154

美麗的花朵總是帶刺！

心跳加快
危險度！

FILE_048

黑鳶

大自然界的清潔員

羽翼靠近前端的部位帶有白色花紋。
尖銳的喙部。
尾翼末端呈現叉型
或直線狀。

在高空搜尋獵物

黑鳶屬於老鷹的同類，牠們會在高空一邊飛翔，一邊搜尋獵物。手上有食物時千萬要多加小心，因為黑鳶有可能會來搶走食物喔！在漁港經常可以看到黑鳶的身影，牠們會吃掉落在地上的魚、人類生活中所產生的食物，以及動物屍骸等等，在大自然界裡扮演著清潔員的角色。

DATA

- 分類：鷹科
- 體型：全長55～60公分
  撐開時的翼長150～160公分
- 分布：日本全國
- 危險：尖喙

黑鳶也會被稱為
麻鷹喔！

叫

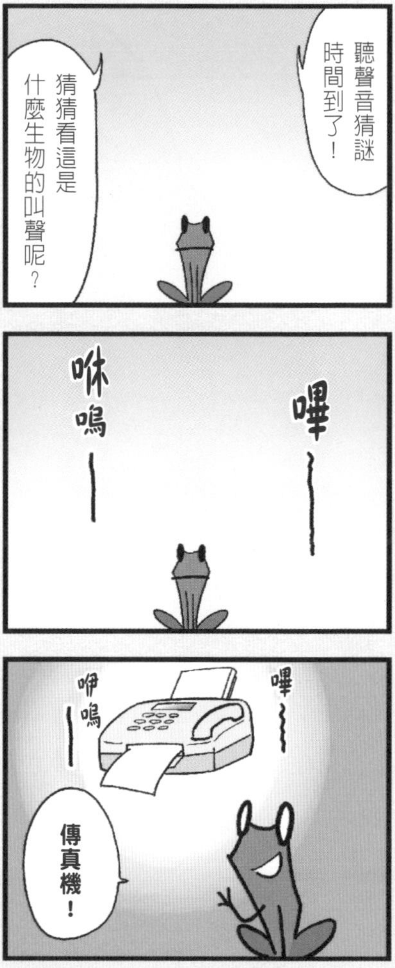
聽聲音猜謎時間到了！
猜猜看這是什麼生物的叫聲呢？
嗶〜〜〜
咻嗚——
嗶〜〜
咿嗚——
傳真機！
不是跟你說是生物的叫聲嗎？
啪！
黑鳶！
啪！

強奪

你完全不用揮動翅膀耶〜
我是利用上升氣流在飛行。
喔！食物出現！
在哪裡？
你的視力也太好了吧！
咻
啊
啪！
話說回來，真搞不懂我這麼溫和，怎麼會被說是危險生物？
好吃♡
因為你有害啊……

冷知識 如果去到山邊，就有機會看見黑鳶隨著上升氣流在高空飛翔的英姿喔！

心跳加快
危險度！

FILE_049

烏鴉

城市也是棲息地

額頭突出。
粗大喙部。
黑色身軀。

聰明鳥類的代表

烏鴉也會棲息在城市裡，屬於貼近人們生活的鳥類。牠們屬於雜食性，什麼都吃。烏鴉很聰明，還懂得從空中丟下核桃，摔破外殼來吃。可是，如果做出欺負烏鴉的動作，烏鴉會記住是誰欺負牠們，不肯罷休地展開攻擊喔！

DATA

- 分類：鴉科
- 體型：全長57公分
- 分布：日本全國
- 危險：尖喙

我們在街上看到的烏鴉
大多是大嘴鴉喔！

動作靈巧

哎呦？這不是裡頭裝了甜水的東西嗎？
我記得只要把這裡……
轉一轉……
像這樣……
耶！打開了！
輕而易舉！
烏鴉不僅頭腦聰明，動作也很靈巧。
好喝
輕舔
輕舔
輕舔
輕舔

好記性

青蛙耶！我們去抓來吃吧！
那是毒青蛙耶！
上次我戳了那傢伙一下，結果就暈倒了。
真的假的？
那我們把牠趕走好了！
啊
—
喂！快滾開！
啊—
烏鴉會牢記敵人的長相。
怎麼辦？牠在看我們！
？

冷知識 城市裡的烏鴉還會利用衣架等生活用品來築巢喔！

心跳加快
危險度！

FILE_050

蟾蜍

黏答答的毒液

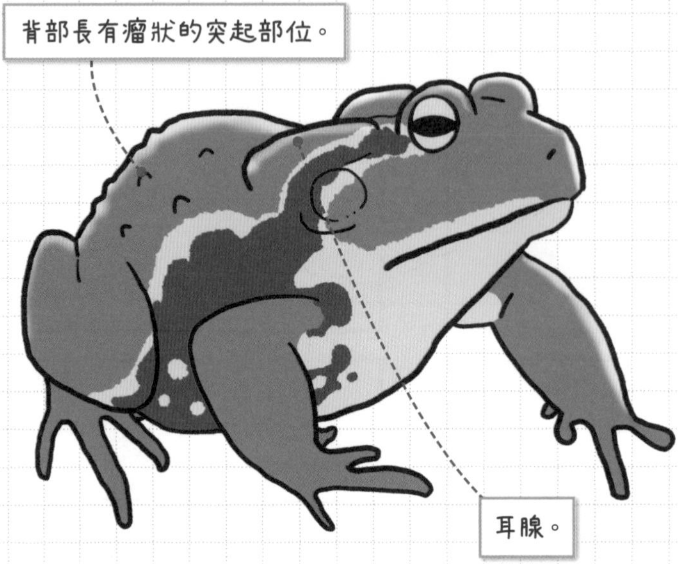

背部長有瘤狀的突起部位。
耳腺。

從耳腺分泌白色毒液

蟾蜍在陸上容易變得乾燥，所以耳朵後方的部位（耳腺）和皮膚會分泌黏答答的液體。這個黏答答的液體具有毒性，萬一跑進眼睛或沾在傷口上，可是會帶來劇烈的疼痛感喔！

DATA

- 分類：蟾蜍科
- 體型：身長14公分
- 分布：日本本州～九州地區
- 危險：毒液

大家記得摸了蟾蜍後，一定要洗手喔！

出處

當我們受到敵人攻擊時，
耳腺
就會從這些部位……
滲出！
分泌毒液！
我的是會從皮膚一直流出來。
浪費東西不好喔！

怎麼做到的？

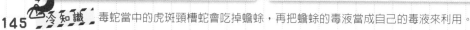

嗅味道
嗅味道
甩頭
用力
！
身體發軟
口吐白沫
咦？怎麼是蟾蜍？
輕跳！
到底是怎麼回事？

冷知識　毒蛇當中的虎斑頸槽蛇會吃掉蟾蜍，再把蟾蜍的毒液當成自己的毒液來利用。

心跳加快
危險度！

FILE_051

鋸緣青蟹

蟹鉗力量強大的螃蟹

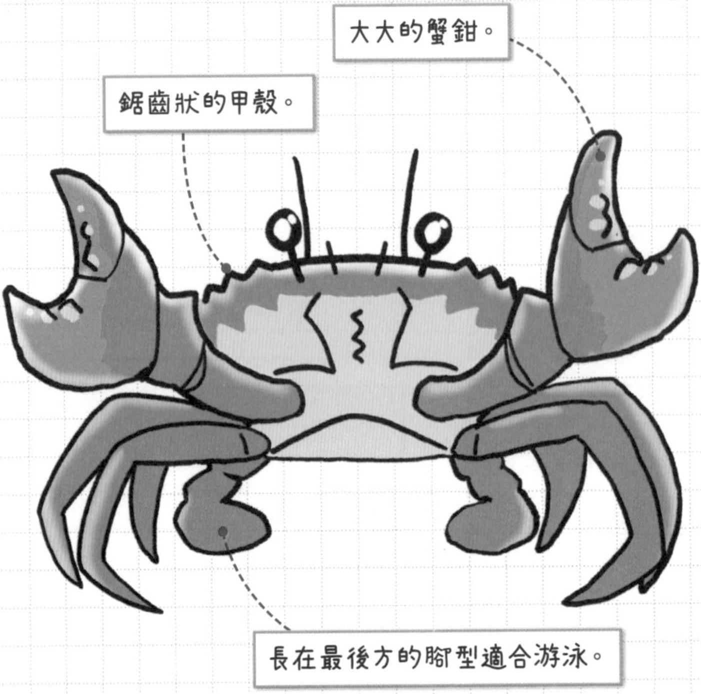
大大的蟹鉗。
鋸齒狀的甲殼。
長在最後方的腳型適合游泳。

強力蟹鉗 讓貝殼也支離破碎

鋸緣青蟹屬於大型螃蟹，擁有巨大的蟹鉗，而且力道強大到足以粉碎貝殼。除此之外，鋸緣青蟹的甲殼表面長有很多棘刺，觸摸到牠們的甲殼時，還可能被刺傷喔！因為鋸緣青蟹做成料理很好吃，所以很多人在捕捉牠們時都會不小心受傷呢！

DATA

- 分類：梭子蟹科
- 體型：甲殼寬度20公分
- 分布：日本房總半島以南
- 危險：蟹鉗、棘刺

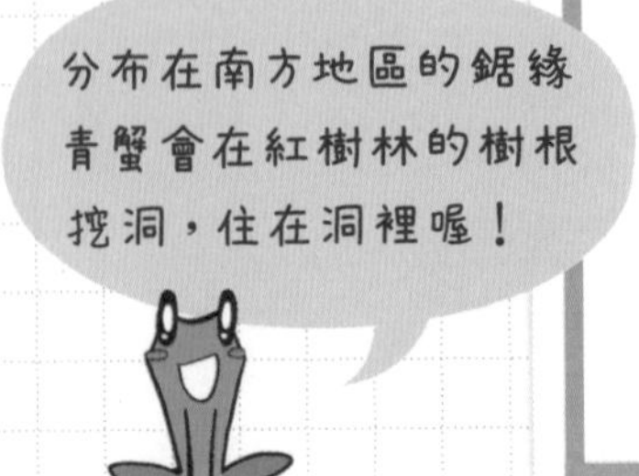
分布在南方地區的鋸緣青蟹會在紅樹林的樹根挖洞，住在洞裡喔！

握力

支離破碎的貝殼耶……
那是我的傑作。
我的身體從這個部位
到這個部位都～是肌肉！
好猛啊～
一旦夾住東西，就絕不鬆手。
太可怕了!!

飽滿實在

我們力大無窮的蟹鉗會被牢牢綁住，
然後擺在市場裡賣。
鋸緣青蟹
沒辦法，誰叫我們那麼好吃。
鼓鼓的
畢竟你們的肉相當飽滿實在……

 冷知識 屬於梭子蟹科的其他螃蟹有些夾人的力道也很強大，大家要多加小心喔！

心跳加快
危險度！

FILE_052

蟬形齒指蝦蛄

強力打擊功

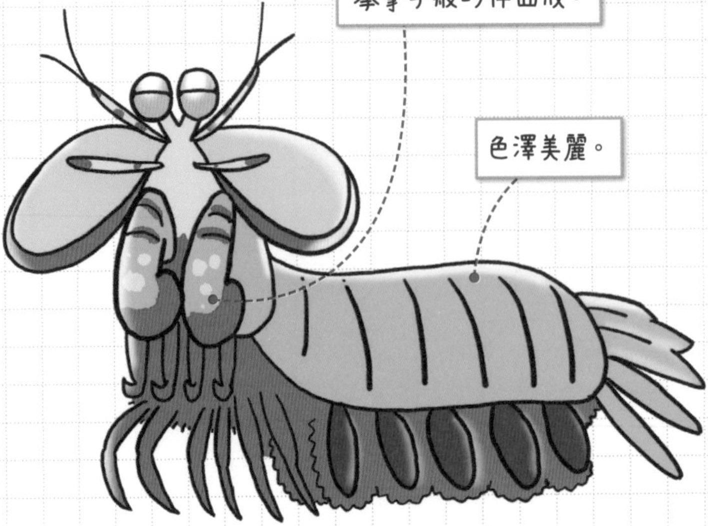
拳擊手般的伸曲肢。
色澤美麗。

連水缸玻璃也擊破

蟬形齒指蝦蛄擁有專門用來捕捉獵物、被稱為「伸曲肢」的足部。牠們能夠利用伸曲肢彎曲部位的打擊力，擊碎貝殼等硬物。蟬形齒指蝦蛄的伸曲肢打擊力道之強，就連水缸玻璃也被擊破過呢！

DATA

- 分類：齒指蝦蛄科
- 體型：身長10公分
- 分布：日本紀伊半島以南、印度洋、西太平洋
- 危險：打擊

蟬形齒指蝦蛄大多棲息在珊瑚礁或岩礁裡喔！

拳擊手
咻！
時速40公里。
安靜不動～～～～
喝！
時速80公里
哇塞！
嘩啦嘩啦

心跳加快
危險度！

FILE_053

刺冠海膽

擁有超長棘刺的海膽

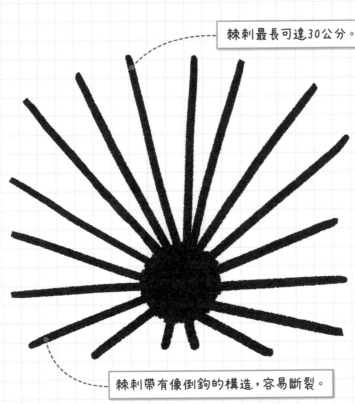

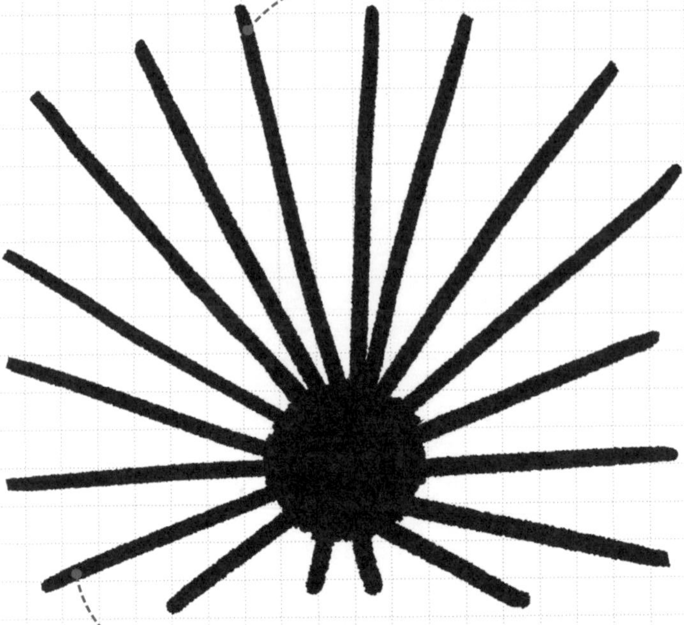
棘刺最長可達30公分。
棘刺帶有像倒鉤的構造，容易斷裂。

容易斷裂的細長棘刺是一種武器

刺冠海膽是一種擁有細長棘刺的海膽。牠們的嘴巴長在身體下方，身體上方則有會發出藍光的肛門喔！刺冠海膽的細長棘刺帶有毒性，而且容易斷裂。萬一被刺中，棘刺會在我們的體內碎裂，想拔出來都很困難呢！

DATA

- 分類：冠海膽科
- 體型：殼寬5～9公分
- 分布：日本相模灣以南
- 危險：棘刺

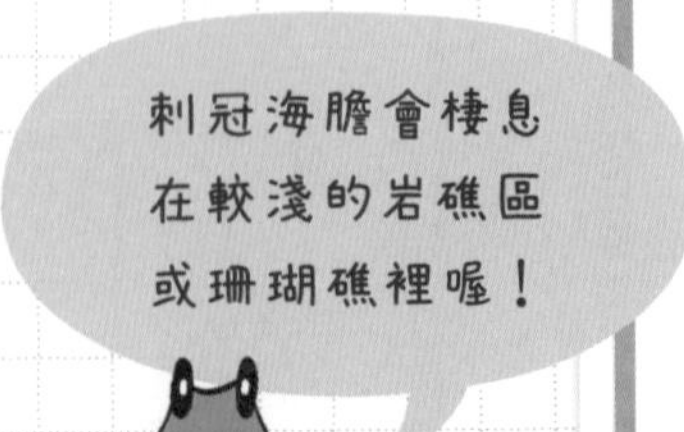
刺冠海膽會棲息在較淺的岩礁區或珊瑚礁裡喔！

大集合
是刺冠海膽耶！
要保持距離才好。
蠢動 蠢動
愈來愈多隻了……
防禦力大大提升！
鬧哄哄
拜託你們不要把棘刺動來動去的！
很噁心耶！

別再動來動去了啦～
刺中！
斷裂
刺中敵人了！
我們的棘刺有倒鉤，所以很難拔出來。
然後，還會灌注毒液……
鬧哄哄
太棒了！任務達成！
鬧哄哄
什麼任務達成！
就跟你們說這樣動來動去很噁心耶！

冷知識 刺冠海膽擁有發達的感光眼點，能夠朝向敵人的影子頂出棘刺。

心跳加快
危險度！

FILE_054

黃海毛蟲

擁有毒毛的沙蟲同類

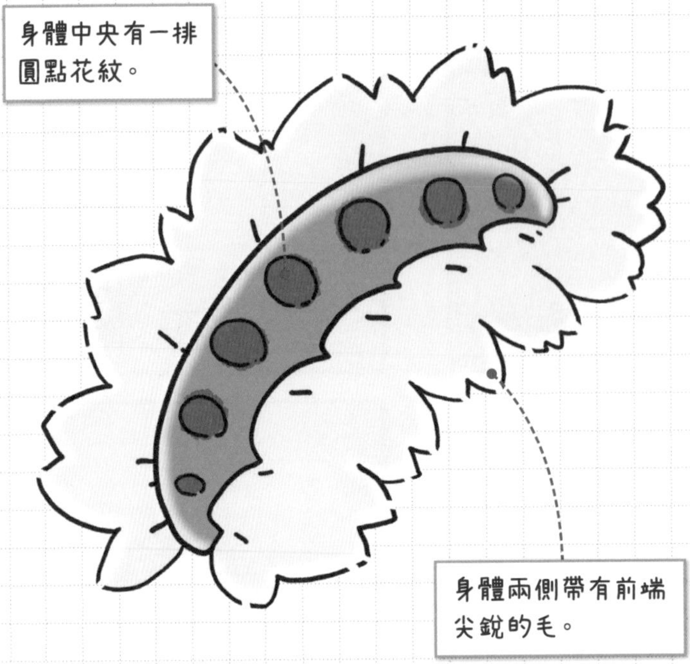

身體中央有一排圓點花紋。
身體兩側帶有前端尖銳的毛。

海裡也有毛毛蟲?!

黃海毛蟲看起來很像在海底爬行的毛毛蟲喔！牠們的身體兩側長有被稱為「剛毛」的毛，這些毛帶有毒性，萬一不小心觸摸到，會覺得像被燙傷一樣疼痛。黃海毛蟲平時都是在海底活動，但到了傍晚時，有時會浮上海面游泳喔！

DATA

- 分類：仙蟲科
- 體型：身長5～15公分
- 分布：日本本州以南
- 危險：毒毛

黃海毛蟲會棲息在深度5～100公尺的海底喔！

沙蟲

我身上的毛是毒毛，
如果不小心碰到，可是會皮膚紅腫的喔！
斬釘截鐵！
你果然就是毛毛蟲嘛！
請不要誤會！
我是沙蟲的同類……呵呵
還不一樣都是蟲！

毛毛蟲

有種生物長得像海裡的毛毛蟲，
牠們被命名為黃海毛蟲。
其他還有像是海麵條，也是類似的命名。
海麵條
海兔的卵團
很遺憾地，
我們既不是蛾類的幼蟲，也不是海兔，我們是沙蟲的同類。

 冷知識 黃海毛蟲屬於肉食性，牠們會一口吞下生物的屍骸喔！

心跳加快
危險度！

FILE_055

玫瑰

美麗的花朵總是帶刺

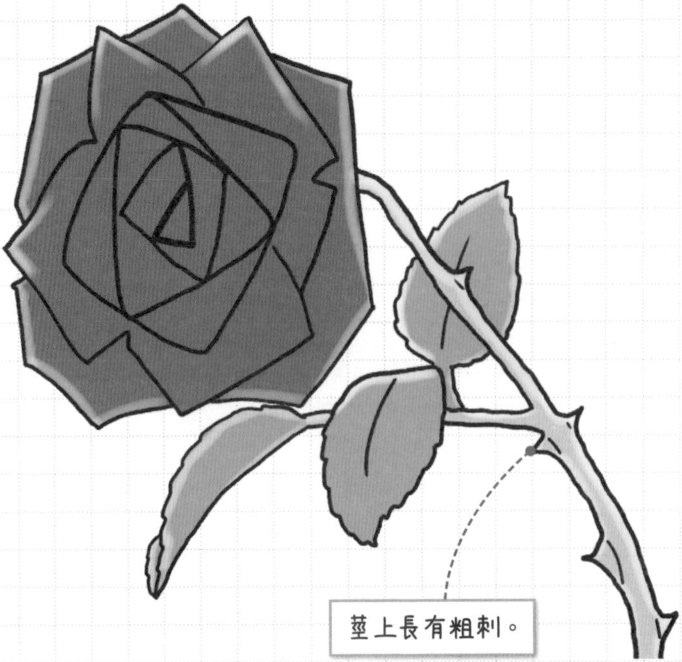
莖上長有粗刺。

小心莖刺

在住家的庭院或植物園裡都有機會看到美麗的玫瑰，但玫瑰的莖部粗大，而且長了很多棘刺。如果不小心觸摸到玫瑰的莖部，有可能會意外受傷喔！不過，玫瑰的棘刺沒有毒，萬一被刺傷也不用擔心。

DATA

- 分類：薔薇科
- 體型：高度 20 公分～ 2 公尺以上
- 分布：亞洲
- 危險：棘刺

玫瑰被培育出很多品種喔！

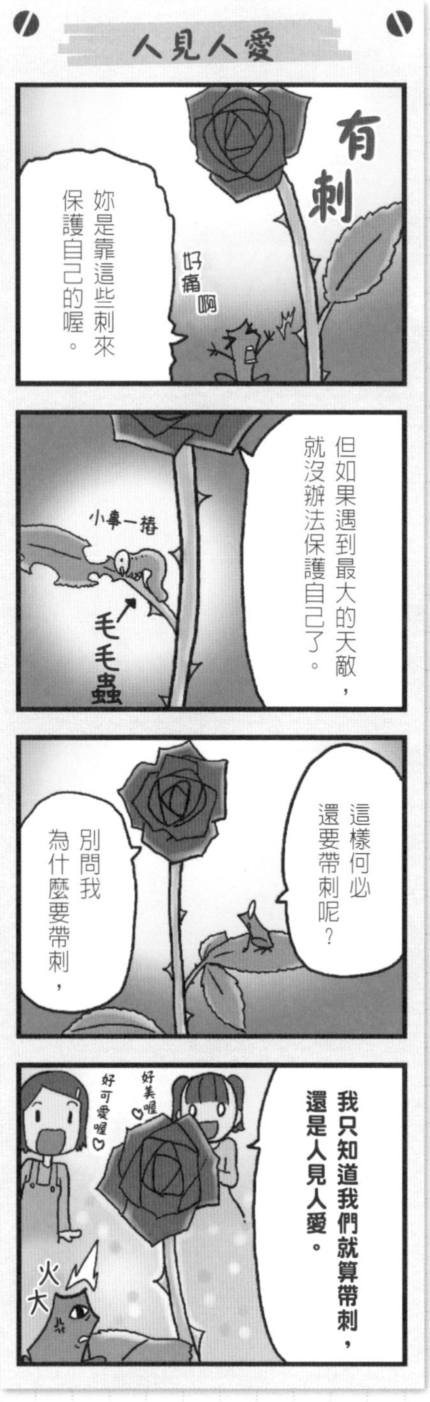
人見人愛
有刺
妳是靠這些刺來保護自己的喔。
好痛啊
但如果遇到最大的天敵，就沒辦法保護自己了。
小事一樁
毛毛蟲
這樣何必還要帶刺呢？
別問我為什麼要帶刺，
我只知道我們就算帶刺，還是人見人愛。
好美喔♡
好可愛喔♡
火大

冷知識 花店裡賣的玫瑰很多都已經被去除棘刺。

請勿觸碰的危險植物

請勿觸碰的危險植物

DANGEROUS

完蛋！我摸到漆樹了！
皮膚會發炎喔～
如果只是發炎沒什麼好害怕。
咦？
金皮樹
有些植物光是摸到而已，就會持續痛上好幾年，
冒冷汗
來自紐西蘭的蕁麻
或是會有生命危險……
冷汗直流

I ♥ DANGEROUS CREATURE

DANGEROUS CREATURE

column

漆樹

DANGEROUS

如果觸摸到漆樹科的植物，很多人會皮膚發炎，有些人的症狀甚至會很嚴重。至於為什麼會引起發炎，原因在於漆樹含有被稱為「漆油」的物質。依個人的體質不同，有些人甚至只是從漆樹旁邊走過，就會出現發炎症狀。還有，水果當中的芒果屬於漆樹科的植物，也有很多人因為吃了芒果而皮膚發炎。

蕁麻

DANGEROUS

蕁麻是長在山地或荒地、高度達40～80公分的多年生植物。蕁麻的莖部和葉子背面長有如細毛般的棘刺，而這些棘刺含有刺激性物質，如果不小心被刺到，會覺得像被蜜蜂叮到一樣地疼痛。這股疼痛感不是過敏物質所造成，而是因為含在棘刺裡的刺激物質。這個刺激物質的成分和螞蟻身上的蟻酸相同，它的毒性會直接作用於神經，才會讓人覺得特別疼。

column column

心跳加快
危險度！

FILE_056

日本山蛭

緊咬皮膚不放的吸血鬼

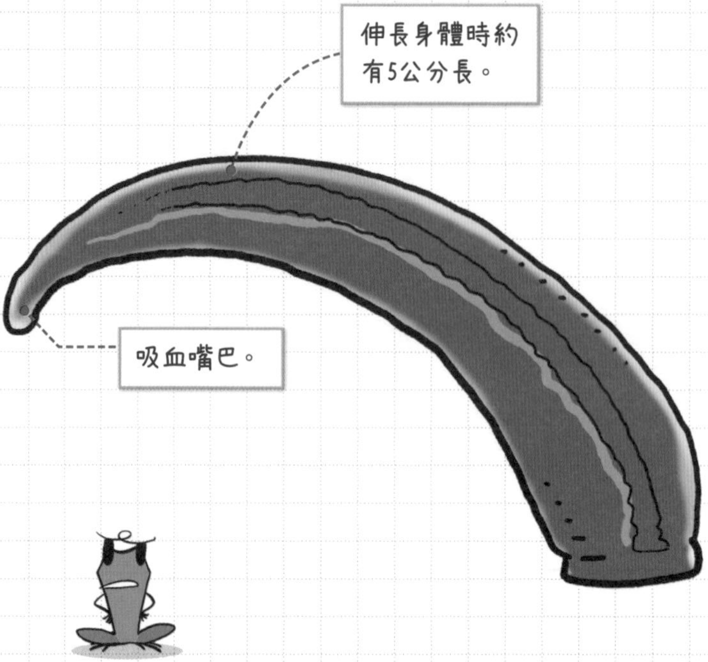
伸長身體時約有5公分長。
吸血嘴巴。

一旦咬住獵物就不鬆口

日本山蛭習慣藏在山裡的潮溼落葉底下，只要有動物靠近，牠們就會咬住對方開始吸血。日本山蛭的吸血量驚人，會吸到超過自己體重十倍以上的血。共有三個顎部，每個顎部分別有將近90根牙齒，想要扯開牠們還真不是一件容易的事呢！

DATA

- 分類：山蛭科
- 體型：身長2～3公分
- 分布：日本本州～九州
- 危險：吸血

被日本山蛭吸血時，
不痛也不癢喔！

埋伏

嗯？
仔細一看好像會動耶……
日本山蛭
扭動
扭動
我的媽呀！
我們會像這樣貼在動物或人類身上，吸他們的血。
緊貼

密集

發現了一隻日本山蛭，該不會就表示……
扭啊扭
扭啊扭
扭啊扭
扭啊扭
扭啊扭
只要有日本山蛭出沒，就會是一大群。
真希望我什麼也沒看見……

冷知識 日本山蛭吸血時會分泌一種能夠讓血液無法凝固、被稱為「水蛭素」的物質喔！

心跳加快
危險度！

FILE_057

塔蘭托大毒蛛

世界最大的毒蜘蛛

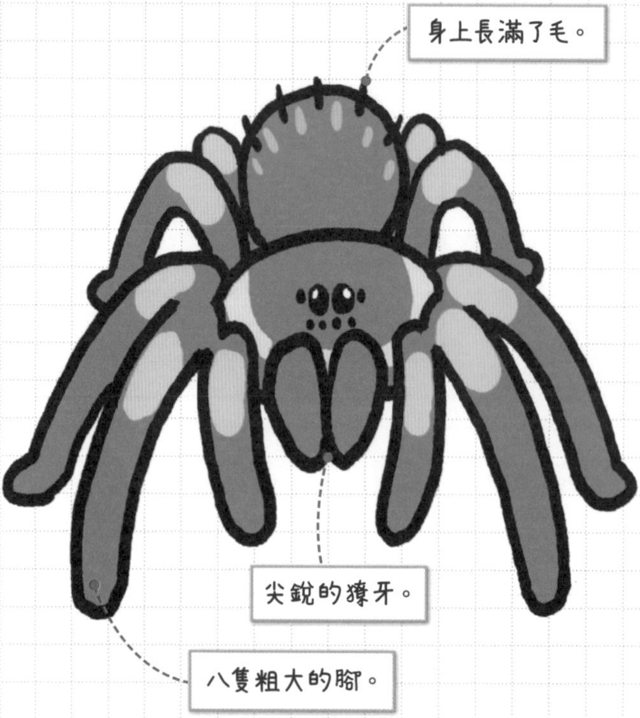
身上長滿了毛。
尖銳的獠牙。
八隻粗大的腳。

擁有毒液和尖牙作為武器

塔蘭托大毒蛛是世界最大的毒蜘蛛，身長可達10公分，而且擁有會分泌毒液的尖牙。牠們會以尖牙咬傷獵物，利用毒液麻痺獵物後，再飽餐一頓。塔蘭托大毒蛛的毒液不算強，所以人類被咬傷也不至於死亡，但會有劇烈的疼痛感喔！

DATA

- 分類：捕鳥蛛科
- 體型：身長10公分
- 分布：全世界的熱帶～亞熱帶地區
- 危險：毒液

塔蘭托大毒蛛的同類當中，也有會四處亂撒毒毛的蜘蛛喔！

毛

尖銳的獠牙
有毒！
不過，我們的武器不只有這些而已。
呵呵♪
還有什麼？
轉身
?
我們會噴射屁股上的毛！
咻！
咻！
咻！
咻！
哇！好癢喔！
好痛……這算什麼啊！

愛美的蜘蛛

塔蘭托大毒蛛的色彩鮮豔，種類也很多。
我們很搶眼、很美，對吧！
……是啊。
你們的背影也美得不得了。
咦？
再讓我看一次你的背影嘛！
……我不要。
拜託嘛～看了又不會少一塊肉～
喂……
你不要看嘛～
光滑
噴射完屁股上的毛之後，當然會變成光禿禿的囉?!

冷知識 塔蘭托大毒蛛從以前就是深受人們喜愛的寵物，日本各地也都有愛好者。

心跳加快
危險度！

FILE_058

蜱蟲

小小吸血鬼

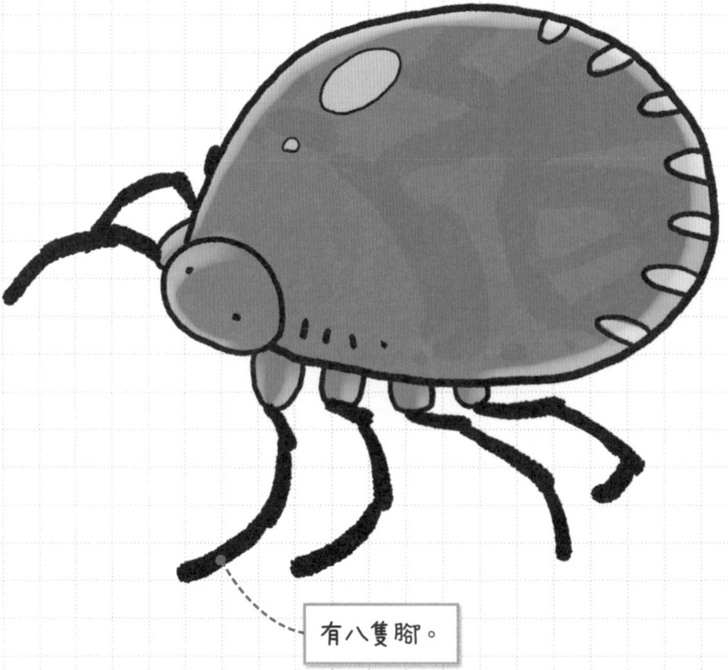

有八隻腳。

吸血後體重會增加到好幾百倍

為了吸血，蜱蟲會利用長得像剪刀的顎部割開皮膚，再把嘴巴刺進傷口。蜱蟲有時會一直咬住傷口，持續吸血吸上好幾天。吸了血之後，體重會增加到原本的好幾百倍。蜱蟲會帶來各種病菌，大家要小心不要被咬傷喔！

DATA

- 分類：蜱總科
- 體型：身長2～10毫米（吸血後）
- 分布：全日本
- 危險：吸血

蜱蟲會咬住人類或
動物來吸血喔！

小心有風險

你變大隻了耶！
因為我吸了超多的血啊。
千萬不要硬是把我扯下來喔！
這樣我的尖牙會留在體內，傷口就會不容易痊癒。
你也太愛給人家添麻煩了吧……

冷知識 大家要去有草叢的地方時，記得要穿長袖衣服和長褲，才不會被蜱蟲咬喔！

心跳加快
危險度！

FILE_059

茶毒蛾

帶有毒毛的蛾

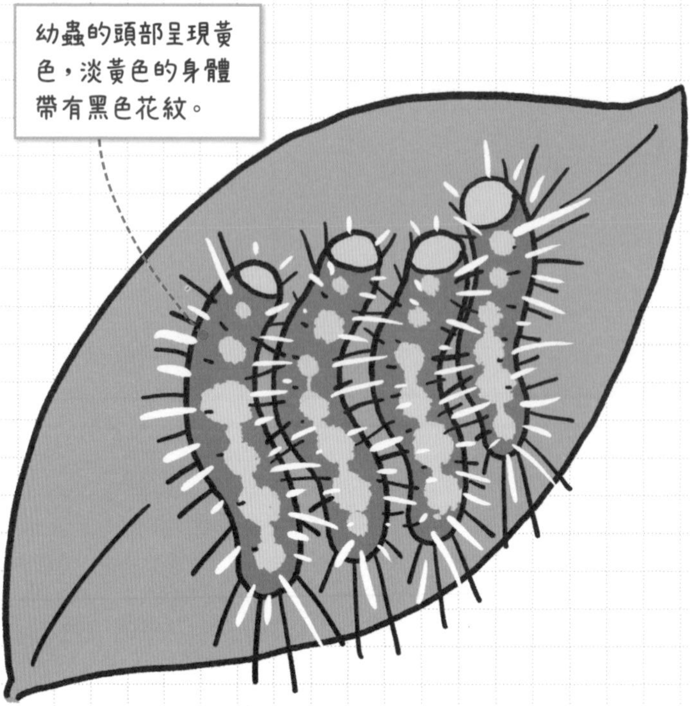
幼蟲的頭部呈現黃色，淡黃色的身體帶有黑色花紋。

幼蟲和成蟲都有毒

毒蛾的身上長有被稱為「毒針毛」的毛。不論是幼蟲時期的毛毛蟲，或是變成成蟲的蛾，身上都有毒針毛。就連茶毒蛾產下的卵也有毒針毛，所以即使是卵也有毒。萬一毒針毛附著在皮膚上，將會引起皮膚發炎喔！

DATA

- 分類：毒蛾科
- 體型：身長24～35毫米（成蟲）、25～30毫米（幼蟲）
- 分布：日本本州～九州
- 危險：毒針毛

茶毒蛾的繭也帶有毒針毛喔！

風起時

咻—
……好像有毛在空中飄來飄去。
那是我們身上的毛。
沒辦法，我們很容易掉毛。
原來如此。
對了，我們的毛有毒喔～
呵呵呵呵
快逃到上風處！

團結力量大

哇！
葉子變得毛絨絨的！
我們是茶毒蛾的幼蟲～
搖擺
搖擺
好噁心喔！拜託你們不要一起搖頭好不好？
我不想靠近你們！
救命啊～
搖搖擺擺
這就是我們的目的啊～

冷知識 不小心被毒針毛刺中時，記得要使用膠帶去黏毒針毛喔！

心跳加快
危險度！

FILE_060

沙漠蝗蟲

以大集團行動把農作物吃個精光

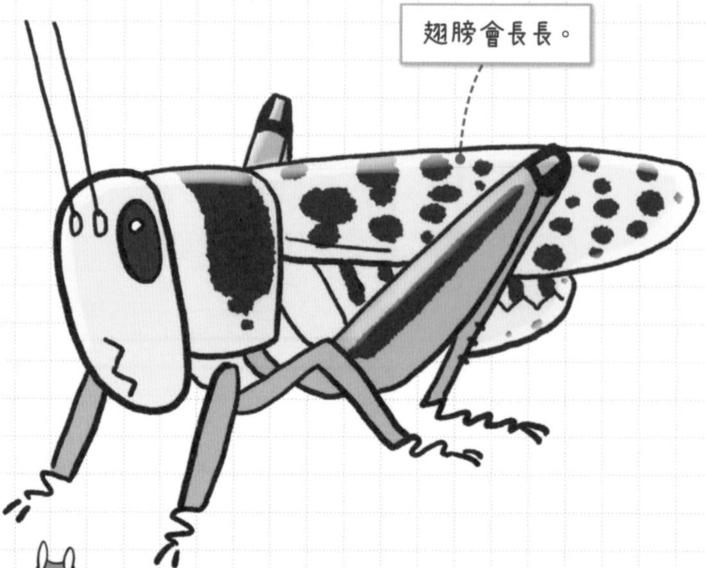
翅膀會長長。

在移動之中吃光農作物

沙漠蝗蟲在幼蟲時期，如果群體的密度較高，就會出現擁有黃色身軀和一對長翅膀、適合飛行的類型（群聚型）。這種類型的沙漠蝗蟲會形成數量達上百萬隻的大集團，一起移動超過一百公里以上的距離，並且吃光農作物。沙漠蝗蟲會啃食所有植物，所以會帶來嚴重的災害。

DATA

- 分類：蝗科
- 體型：身長40～60毫米
- 分布：西非～印度北部
- 危險：吃光植物

人們會用「蝗災」來形容沙漠蝗蟲的大集團移動現象喔！

勢力龐大

沙漠蝗蟲可分成兩種類型：
獨居型
群聚型
群聚型沙漠蝗蟲會利用荷爾蒙來呼喚、聚集同伴。
聚集
聚集
聚集的數量會多達一百萬隻。
噠！
噠！
噠！
噠！
噠！
噠！
噠！
噠！
一百萬隻……這樣是有幾位數啊？
挖阿哉

天災

沙漠蝗蟲會大集團一起行動，
在移動之中吃光所有植物，
水果
玉米
甘蔗
蔬菜
稻米
牧草
一片混亂……
讓大地變成光禿禿一片。
這恐怕只能用災害來形容……

冷知識　沙漠蝗蟲會大集團啃食植物，所以有時會導致發生饑荒。

心跳加快
危險度！

FILE_061

褐毒隱翅蟲

體液帶有毒性

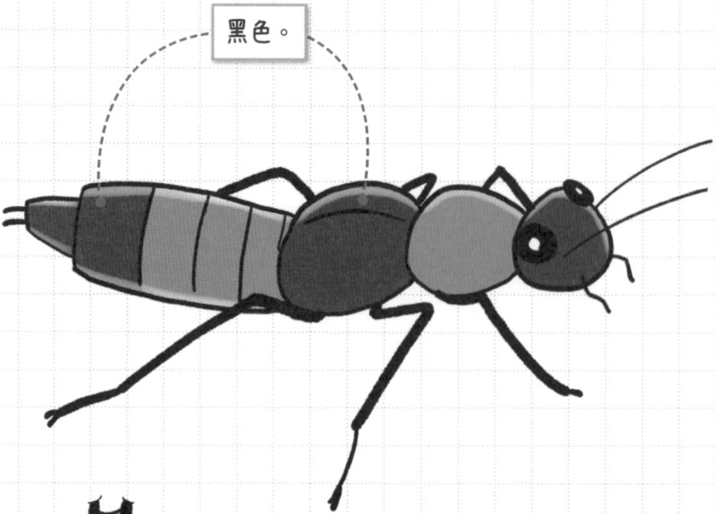
黑色。

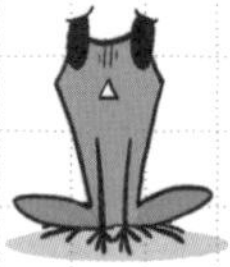

不小心觸摸到就會有危險的毒蟲

褐毒隱翅蟲的體型和螞蟻十分相似，牠們的體液帶有毒性，光是從人們的皮膚上走過，就有可能導致皮膚起水泡。萬一有褐毒隱翅蟲停留在你身上時，千萬不要打扁牠們，只要輕輕趕走牠們就好。

DATA

- 分類：隱翅蟲科
- 體型：身長6.5～7毫米
- 分布：全日本
- 危險：毒液

褐毒隱翅蟲會在
水田或水池四周
的草地棲息喔！

燙傷

天啊~我被燙傷了！
我怎麼都沒發現?!
那不是燙傷。
咦？
只要皮膚沾到我們的體液，就會像那樣變得紅腫。
天啊~
剛剛我朋友停在那個人的手上，結果……
啪
哎呦……
喔……

吃不得的蟲

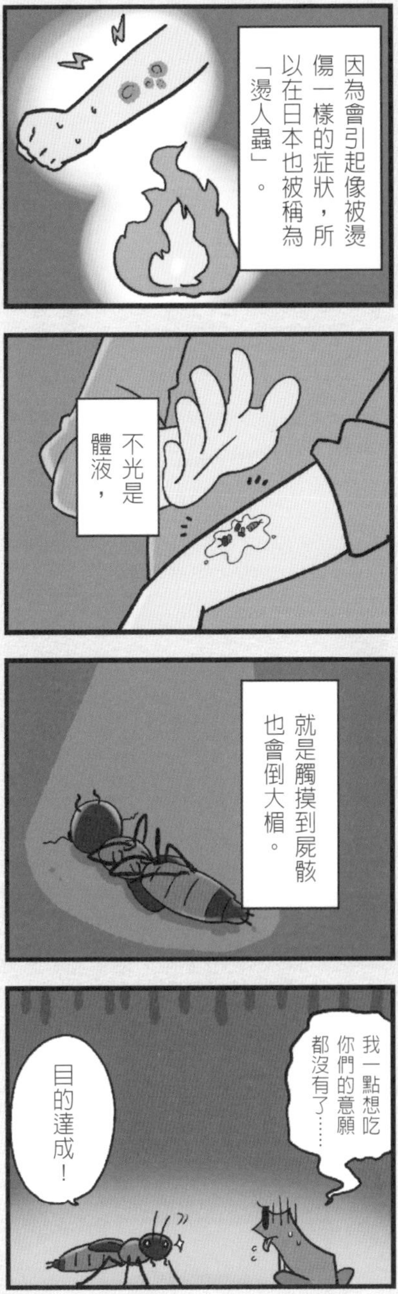
因為會引起像被燙傷一樣的症狀，所以在日本也被稱為「燙人蟲」。
不光是體液，
就是觸摸到屍骸也會倒大楣。
我一點想吃你們的意願都沒有了……
目的達成！

冷知識 褐毒隱翅蟲身上的毒素稱為「隱翅蟲素」喔！

心跳加快
危險度！

FILE_062

蚊子

對人類最危險的生物

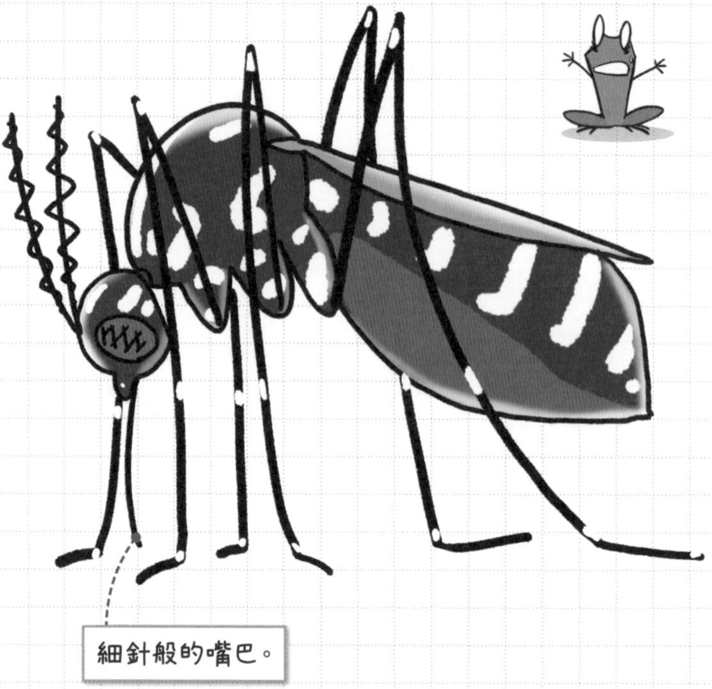

細針般的嘴巴。

蚊子會帶來可怕的病毒

產卵期的母蚊會吸血，被吸了血的人會覺得皮膚搔癢，所以大家都很討厭蚊子。不過，蚊子最可怕的地方其實是在於把病毒傳播給人類。比起被擁有強力武器的危險生物攻擊而死，被蚊子叮咬而生病致死的人數可是多上許多呢！

DATA

- 分類：蚊科
- 體型：身長4.5～5.5毫米
- 分布：全日本
- 危險：吸血、病毒媒介

蚊子會傳播日本腦炎和登革熱喔！

第二名

沒想到全世界殺死最多人類的生物，竟然是沒有毒也沒有尖牙的小蟲……
你知道誰是第一名嗎？
不知道耶。
據說是人類。
怎麼有一種空虛的感覺……

殺人犯

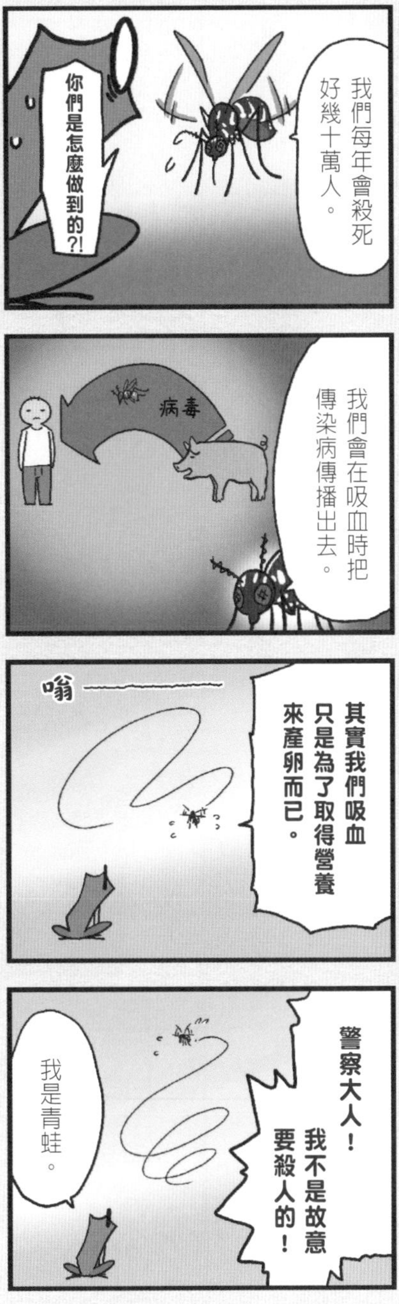
我們每年會殺死好幾十萬人。
你們是怎麼做到的?!
我們會在吸血時把傳染病傳播出去。
病毒
其實我們吸血只是為了取得營養來產卵而已。
嗡——
警察大人！我不是故意要殺人的！
我是青蛙。

冷知識 瘧疾是一種以蚊子為媒介的疾病，每年會有超過一百萬人死於瘧疾喔！

以生物為媒介的疾病

疾病媒介
DANGEROUS
說到中南美洲的獵蝽，
獵蝽
椿象的同類
牠們的糞便帶有查加斯氏病的病原體，
我的……
我的心臟……
這種疾病會侵蝕人類的內臟，最後奪走人命。
我們會在吸人類的血時，讓人類被感染。
意思是說……
你們會一邊吃飯，一邊大便？
噗
吸～
……
好骯髒喔……

DANGEROUS CREATURE

column

日本腦炎

DANGEROUS

日本腦炎是一種三斑家蚊吸了帶有病毒的豬隻的血，再傳染給人類的疾病。只要注射疫苗，就可以預防感染日本腦炎，其感染力也很低。如果感染上日本腦炎，5～51天後會突然發燒，並出現頭痛、全身無力、反胃、腹痛或腹瀉等症狀。發燒現象會在4～5天後達到最高峰，萬一病情惡化，有可能一星期左右就死亡。

日本腦炎不會由人類傳染給人類，只會以蚊子為媒介。

棘球蚴病

DANGEROUS

北狐的糞便帶有被稱為「棘球條蟲」的寄生蟲卵。當這種寄生蟲卵被排放到水中，人類喝下含有寄生蟲卵的水之後，就會染上棘球蚴病。如果是成人，要經過十年以上才會出現症狀，但如果是孩童，很快就會出現症狀。寄生蟲會寄生在肝臟、腎臟或肺部等部位，然後慢慢擴散。一旦病情惡化，肝臟就會變得腫大，也會出現腹痛、貧血、黃疸、發燒、腹水囤積等症狀。

column column

昆蟲、蜘蛛

水中生物

植物、菌菇

分類索引

國家圖書館出版品預行編目資料

悠哉悠哉危險生物圖鑑 / 加藤英明監修 ; さのかける漫畫 ; 林冠汾譯 . -- 臺中市 : 晨星, 2020.07
面 ; 公分 . --（IQ UP ; 23）

譯自 : ゆるゆる危険生物図鑑

ISBN 978-986-5529-09-3（平裝）

1.動物圖鑑 2.昆蟲 3.通俗作品

385.9 109005815

線上填寫本書回函，
立即獲得50元購書金。

IQ UP 23

悠哉悠哉危險生物圖鑑
ゆるゆる危険生物図鑑

監修	加藤英明
漫畫	さのかける
譯者	林 冠 汾
原著編輯協力	株式会社サイドランチ
責任編輯	陳 品 蓉
封面設計	鐘 文 君
美術設計	張 蘊 方
創辦人	陳 銘 民
發行所	晨星出版有限公司 407 台中市西屯區工業 30 路 1 號 1 樓 TEL：04-23595820 FAX：04-23550581 行政院新聞局局版台業字第 2500 號
法律顧問	陳思成律師
初版	西元 2020 年 07 月 20 日
再版	西元 2020 年 12 月 30 日（二刷）
總經銷	知己圖書股份有限公司 106 台北市大安區辛亥路一段 30 號 9 樓 TEL：02-23672044 / 23672047 FAX：02-23635741 407 台中市西屯區工業 30 路 1 號 1 樓 TEL：04-23595819 FAX：04-23595493 E-mail：service@morningstar.com.tw
網路書店	http://www.morningstar.com.tw
訂購專線	02-23672044
郵政劃撥	15060393（知己圖書股份有限公司）
印刷	上好印刷股份有限公司

定價 280 元

（缺頁或破損，請寄回更換）

ISBN 978-986-5529-09-3